国家出版基金项目
NATIONAL PUBLICATION FOUNDATION

"十四五"时期国家重点出版物出版专项规划项目
新一代人工智能理论、技术及应用丛书

游戏人工智能方法

赵冬斌　朱圆恒　唐振韬　邵　坤　著

科学出版社

北　京

内 容 简 介

本书尝试总结近年来游戏人工智能方向的优秀研究工作,以及作者的一些探索成果。主要内容包括游戏人工智能的背景、经典的游戏人工智能方法、DeepMind 针对棋牌和视频类游戏的人工智能方法,以及作者团队针对即时游戏的人工智能方法,如格斗游戏、星际争霸的宏观生产和微观操作等。从理论分析到算法设计到编程实现,旨在为读者提供一个针对不同游戏人工智能问题的系统性论述。

本书适合人工智能等相关领域科技人员参考使用,也可供高校相关专业的研究生学习。

图书在版编目(CIP)数据

游戏人工智能方法/赵冬斌等著. —北京:科学出版社,2024.2
(新一代人工智能理论、技术及应用丛书)
"十四五"时期国家重点出版物出版专项规划项目 国家出版基金项目
ISBN 978-7-03-077095-0

Ⅰ.①游… Ⅱ.①赵… Ⅲ.①人工智能–应用–游戏程序–程序设计
Ⅳ.①TP317.6

中国国家版本馆 CIP 数据核字(2023)第 228041 号

责任编辑:孙伯元/责任校对:崔向琳
责任印制:赵 博/封面设计:陈 敬

科 学 出 版 社 出版
北京东黄城根北街 16 号
邮政编码:100717
http://www.sciencep.com
三河市春园印刷有限公司印刷
科学出版社发行 各地新华书店经销
*
2024 年 2 月第 一 版 开本:720×1000 1/16
2025 年 1 月第二次印刷 印张:12 1/4
字数:246 960
定价:128.00 元
(如有印装质量问题,我社负责调换)

"新一代人工智能理论、技术及应用丛书"编委会

"新一代人工智能理论、技术及应用丛书"序

科学技术发展的历史就是一部不断模拟和扩展人类能力的历史。按照人类能力复杂的程度和科技发展成熟的程度，科学技术最早聚焦于模拟和扩展人类的体质能力，这就是从古代就启动的材料科学技术。在此基础上，模拟和扩展人类的体力能力是近代才蓬勃兴起的能量科学技术。有了上述的成就做基础，科学技术便进展到模拟和扩展人类的智力能力。这便是 20 世纪中叶迅速崛起的现代信息科学技术，包括它的高端产物——智能科学技术。

人工智能，是以自然智能(特别是人类智能)为原型、以扩展人类的智能为目的、以相关的现代科学技术为手段而发展起来的一门科学技术。这是有史以来科学技术最高级、最复杂、最精彩、最有意义的篇章。人工智能对于人类进步和人类社会发展的重要性，已是不言而喻。

有鉴于此，世界各主要国家都高度重视人工智能的发展，纷纷把发展人工智能作为战略国策。越来越多的国家也在陆续跟进。可以预料，人工智能的发展和应用必将成为推动世界发展和改变世界面貌的世纪大潮。

我国的人工智能研究与应用，已经获得可喜的发展与长足的进步：涌现了一批具有世界水平的理论研究成果，造就了一批朝气蓬勃的龙头企业，培育了大批富有创新意识和创新能力的人才，实现了越来越多的实际应用，为公众提供了越来越好、越来越多的人工智能惠益。我国的人工智能事业正在开足马力，向世界强国的目标努力奋进。

"新一代人工智能理论、技术及应用丛书"是科学出版社在长期跟踪我国科技发展前沿、广泛征求专家意见的基础上，经过长期考察、反复论证后组织出版的。人工智能是众多学科交叉互促的结晶，因此丛书高度重视与人工智能紧密交叉的相关学科的优秀研究成果，包括脑神经科学、认知科学、信息科学、逻辑科学、数学、人文科学、人类学、社会学和相关哲学等研究成果。特别鼓励创造性的研究成果，着重出版我国的人工智能创新著作，同时介绍一些优秀的国外人工智能成果。

尤其值得注意的是，我们所处的时代是工业时代向信息时代转变的时代，也是传统科学向信息科学转变的时代，是传统科学的科学观和方法论向信息科学的科学观和方法论转变的时代。因此，丛书将以极大的热情期待与欢迎具有开创性的跨越时代的科学研究成果。

　　"新一代人工智能理论、技术及应用丛书"是一个开放的出版平台,将长期为我国人工智能的发展提供交流平台和出版服务。我们相信,这个正在朝着"两个一百年"目标奋力前进的英雄时代,必将是一个人才辈出百业繁荣的时代。

　　希望这套丛书的出版,能为我国一代又一代科技工作者不断为人工智能的发展做出引领性的积极贡献带来一些启迪和帮助。

前　　言

游戏/博弈（game）被誉为人工智能领域的"果蝇"（本书中，和理论更近的工作称为博弈，如马尔科夫博弈；和实际应用更近的工作称为游戏，如围棋游戏）。历史上许多著名科学家在这个领域做出了卓越的贡献。现代计算机创始人冯·诺依曼于 1928 年提出的极小化极大算法至今仍是指导博弈算法设计的主要思想之一。1950 年，信息论创始人香农和计算机科学创始人图灵对国际象棋程序做了有益尝试。1961 年，人工智能创始人之一麦卡锡提出的 α-β 剪枝算法成为 1997 年深蓝（Deep Blue）计算机战胜国际象棋冠军卡斯帕罗夫的主要算法。深蓝的开发者之一 IBM 研究员 Tesauro 于 1992 年提出的强化学习算法 TD-Gammon 战胜了西洋双陆棋的人类世界冠军。

近年来，随着深度学习和强化学习等人工智能（artificial intelligence，AI）方法的快速发展，新的人工智能方法摘取了游戏领域的一项项桂冠。2013 年，DeepMind 公司提出一类深度强化学习方法深度 Q 网络（deep Q-network，DQN），在视频游戏上的效果接近或超过人类游戏玩家。2015 年，Silver 等提出的基于深度强化学习和蒙特卡罗树搜索的围棋算法 AlphaGo 以 5:0 战胜欧洲围棋冠军樊麾；又于 2016 年，以 4:1 战胜超一流围棋选手李世石，使围棋 AI 水平达到前所未有的高度；2017 年，又提出 AlphaGo Zero，完全不用人类围棋棋谱而完胜最高水平的 AlphaGo，并进一步形成通用 AI 算法 MuZero，同时超过顶级的国际象棋和日本将棋 AI。MuZero 算法引入基于模型的方法，既可以下棋，还可以打视频游戏，算法的通用性更好、水平更高，成为上述技艺的集大成者。

除了围棋，其他回合制的棋牌类游戏也得到广泛关注。2017 年，阿尔伯塔大学提出 DeepStack 算法，在一对一无限注德州扑克中击败职业扑克玩家。2019 年，卡内基·梅隆大学提出六人桌德州扑克算法 Pluribus，在多人制德州扑克中战胜职业选手。2019 年，微软公司提出麻将算法 Suphx，超过人类顶级玩家的 10 段水平。

即时制游戏对游戏参与方的动作没有回合制的限制，因此对动作决策的实时性要求更高，通常也有战争迷雾遮挡的不完全信息、多个体参与等特点，游戏 AI 的开发难度更大。2019 年，针对星际争霸 II 游戏，DeepMind 公司提出的 AlphaStar 算法超过宗师级水平。针对刀塔 2 游戏，OpenAI 公司提出的 PPO （proximal policy optimization，近端策略优化）算法战胜了世界冠军。2021 年，针对有因果效应的蒙特祖玛等游戏，Uber 和 OpenAI 公司联合提出 Go-Explore 算法，并给出机器人应用的迁移验证。其他工作还包括 DeepMind 公司针对第一视角多个体合作的雷神之锤竞技场游戏 AI，腾讯公司针对王者荣耀游戏的绝悟 AI 等。

游戏人工智能方法的卓越成就极大地开阔了人们的视野、启发了人们的思维，不仅推动了多学科领域的深度交叉，更促进了其在各行各业的广泛应用拓展。既有棋牌、视频等多种游戏 AI 设计的全面深入开展，又有在自动驾驶、交通物流、搜索推荐、先进制造、机器人、量化金融、医疗健康、智慧教育等众多领域的应用示范落地。

虽然游戏人工智能方法近年来发展迅速，成果斐然，但是关于游戏人工智能方法的著作却寥寥可数。鉴于此，我们将团队近几年在游戏人工智能方向的研究工作分享给大家。全书共 8 章，第 1 章介绍游戏人工智能的背景和意义、发展历史和研究现状、平台和问题；第 2 章梳理基本游戏人工智能方法；第 3 章给出 DeepMind 公司近几年针对棋牌和视频类游戏所提出的优秀的人工智能方法。第 4 章及之后是团队的具体研究工作和算法介绍，考虑的问题都是即时制游戏问题，包括格斗游戏的实时性和角色变化，星际争霸宏观生产和微观操作的不完全信息和多个体特点等，给出相应的解决方法。从理论分析到算法设计，再到编程实现，旨在为读者提供一个针对不同游戏人工智能问题的系统性论述。同时，书中部分内容给出了开源代码，包括星际争霸 I 和星际争霸 II 的微操 AI、格斗游戏 AI 等，涵盖了在相关国际比赛上夺冠的算法程序，可以方便读者运行代码、观察结果，加深对内容的理解。为便于阅读，本书提供部分彩图的电子版文件，读者可自行扫描前言的二维码查阅。

本书各章的主要贡献人如下：第 1 章，唐振韬等；第 2 章，唐振韬、邵坤、胡光政等；第 3 章，邵坤、唐振韬、李论通、李伟凡等；第 4 章，朱圆恒等；第 5 章，唐振韬、梁荣钦等；第 6 章，唐振韬等；第 7 章，邵坤等；第 8 章，柴嘉骏、李伟凡等。此外，本书的编辑排版工作得到了柴嘉骏、胡光政、李论通、李伟凡、梁荣钦、唐振韬、朱圆恒（按姓名拼音排序）等的帮助，感谢他们的辛勤付出。

感谢科技创新 2030—"新一代人工智能"重大项目、国家自然科学基金项目等的支持。

限于作者水平，书中难免存在不妥之处，恳请读者批评指正。

赵冬斌

2023 年 6 月于北京

部分彩图二维码

目　　录

第 1 章 游戏人工智能介绍

1.1 引　　言

1.1.1 游戏人工智能背景和意义

随着数据质量、算法性能和算力效率等的巨大提升，人工智能（artificial intelligence，AI）技术得到迅猛发展，成为国内外科学研究的热门领域，同时受到国家战略层面的关注。游戏作为一种非常适合人工智能研究的平台，吸引了众多研究人员测试新的算法和模型。主要关注点在于如何通过 AI 技术使计算机在游戏任务上的表现达到甚至超越人类水平[1]。一般而言，游戏 AI 考虑的是智能体如何在复杂的游戏环境中做出最优的行为。相比真实环境，游戏平台可以提供一个安全、可靠、高效的理想交互环境，源源不断地产生新的数据，并且对应数据生成的开销也要低于现实世界。游戏所具有的这些显著特性，使其得到广泛的研究与应用。同时，游戏 AI 的研究也促使人们能更好地理解和设计新的游戏任务。

游戏 AI 的设计过程具体可以分为环境感知与决策制定两个部分。环境感知部分负责从游戏环境中处理并获取有效观测信息，并作为决策制定的关键性依据。决策制定部分负责在游戏环境中制定合理准确的决策行为，一般通过环境感知信息推理得到。目前，游戏 AI 系统的设计与开发可以划分为基于人工设计的规则型方法和基于机器学习的智能型方法两种类型。基于人工设计的游戏 AI 系统通常是设计者根据人类玩家总结的经验，通过手工编写规则的方式将这些经验以代码形式写入 AI 程序中，经过相应的条件判断，作出预先设定的行为操作。这类方法的优势在于通过总结专家经验的过程，使智能体快速达到可行的水平。但是，若要继续提高 AI 系统的智能性，对应的规则条目数量会呈几何倍数增长，大大超出开发者的能力。此外，这类 AI 系统缺乏灵活的环境自适应性，当规则设计较为简单时，容易被人类玩家掌握规律而采取针对行为，导致游戏的趣味性降低。基于机器学习的游戏 AI 系统是利用机器学习方法，通过人类数据驱动或者模型自学习的方式，优化智能体学习并使其掌握有效的策略行为。

1.1.2 游戏人工智能研究发展

游戏 AI 的发展历程如图 1.1 所示。早期的游戏 AI 研究聚焦于完全信息下的棋类策略博弈。20 世纪 50 年代，Turing 等[2] 成功地将极小化极大算法应用到国际象棋。IBM (International Business Machines Corporation, 国际商业机器公司) 的 Samuel 引入人类经验规则, 结合自我博弈式强化学习方法, 使决策模型学会国际跳棋[3]。1992 年, IBM 的 Tesauro[4] 构建了基于神经网络的博弈策略模型, 融合人工经验设计时间差分强化学习方法, 经过大量的自我博弈迭代训练后, 得到 TD-Gammon, 在西洋双陆棋上击败人类顶尖玩家。1994 年, 在世界人机竞赛中, 基于深度搜索算法的国际跳棋 AI Chinook 击败人类顶尖玩家并赢得了冠军。1997 年, IBM 开发的国际象棋 AI 程序 Deep Blue, 结合大量高质量专家经验规则与高性能计算搜索资源, 首次战胜国际象棋职业冠军, 取得里程碑式的进展[5]。2016 年, DeepMind 公司研制的 AlphaGo[6] 横空出世, 首次在围棋这项凝聚无数人类智慧结晶的游戏上战胜顶尖职业选手。2017 年, DeepMind 公司在此基础上提出改进版 AlphaGo Zero[7], 摒弃了人类经验数据作为训练样本, 完全从零开始训练, 超越了人类对围棋博弈的认知水平。除了在围棋游戏, DeepMind 公司团队在 2018 年将 AlphaZero[8] 扩展到国际象棋和日本将棋, 并且均超越现有 AI 水平。针对具有不确定性的非完美信息博弈问题, Libratus[9] 和 DeepStack[10] 均在一对一无限注德州扑克上战胜职业玩家。进一步, 德州扑克 AI 升级版 Pluribus[11], 首次在六人无限注德州扑克战胜职业玩家。微软研制的麻将程序 Suphx 超越顶级人类选手的平均水平。除了在回合制博弈游戏大放异彩, 在实时性及策略复杂程度更高的电子竞技对抗游戏中, 游戏 AI 同样取得不俗的成绩。在多人协同第一视角射击游戏雷神之锤的夺旗任务中, DeepMind 公司提出的三维智能体经过种

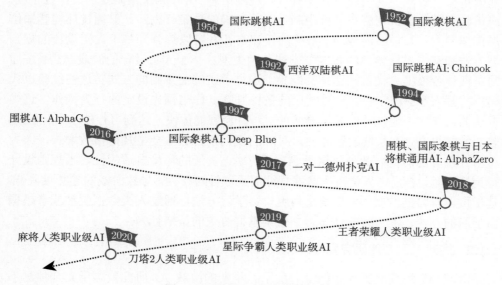

图 1.1 游戏 AI 研究发展历程图

群迭代训练后，除了能战胜人类玩家，还可与人类玩家协同配合作战[12]。在更加复杂的即时策略游戏中，如刀塔 2 的 OpenAI Five、王者荣耀的绝悟[13-16]、星际争霸 II 的 AlphaStar [17] 等均达到人类职业级水平。由此可见，从完全信息回合制到非完全信息即时制、从单智能体决策到多智能体协作，游戏 AI 方法和技术研究得到长足的进步与发展。

1.2　回合制游戏人工智能

回合制游戏要求玩家按照回合制顺序，轮流在己方回合下执行决策行为。因此，回合制游戏给予玩家一定的时间进行思考并制定有效的决策方案。大多数棋牌类游戏，如围棋、国际象棋与德州扑克等都属于典型的回合制游戏。这类游戏的算法通常基于博弈树搜索的方法求最优解。根据游戏信息掌握程度，可分为完全信息回合制和非完全信息回合制两种游戏 AI 类型。这里以棋类游戏 AI 作为完全信息回合制游戏 AI 代表，以牌类游戏 AI 作为非完全信息回合制游戏 AI 代表，分别介绍相关游戏 AI 的发展历程，以及相关测试平台。

1.2.1　棋类游戏人工智能发展历程

作为代表性的回合制游戏，棋类游戏 AI 研究有较长的发展历程。1928 年，von Neumann 提出极小化极大算法。该算法对博弈类游戏研究产生了深远的影响[18]。1950 年，Shannon[19] 提出一种针对国际象棋的程序设计思想。此后，从硬件和软件角度，游戏 AI 取得一系列迅猛的突破和发展。早期回合制游戏 AI 发展历程如下。

① 1958 年，Bernstein 等在 IBM 704 上设计了第一台可与人类下国际象棋的计算机，运行速度可达到每秒 200 步。

② 1973 年，Slate 和 Atkin 合作研制出国际象棋软件 Chess 4.0，并成为国际象棋 AI 程序奠基性的工作。1979 年，国际象棋软件 Chess 4.9 的测试水平达到专家级。

③ 1983 年，Thompson 开发的国际象棋计算机 Belle 棋力达到大师级水平。

④ 1987 年，国际象棋计算机程序 Deep Thought 具有每秒 75 万步的运行速率，并达到 2450 国际等级分的水平。1988 年，Deep Thought 战胜丹麦特级大师拉尔森。

⑤ 1989 年，Deep Thought 的硬件计算资源扩展到 6 台处理器，运行速度达到每秒 200 万步。然而，它却以 0∶2 的比分不敌世界棋王卡斯帕罗夫。

⑥ 1993 年，Deep Thought 二代首次在与丹麦国际象棋国家队的交锋中取胜，并战胜前女子世界冠军小波尔加。

⑦ 1997 年，国际象棋 AI 程序 Deep Blue 所在的超级计算机上搭载了 256

个专用处理芯片，运行速度达到每秒 2 亿步，并以 3.5∶2.5 的比分首次战胜世界棋王卡斯帕罗夫，成为国际象棋领域研究发展的重要里程碑。

⑧ 2006 年，中国象棋程序"棋天大圣"，取得世界奥林匹克中国象棋软件大赛冠军，并在与中国象棋特级大师许银川的对决中两战两和。

⑨ 2007 年，阿尔伯塔大学的计算机人工智能研究小组历时 18 年，在 8×8 的西洋跳棋中取得完整理论解，构建了一个无法被击败的西洋跳棋程序。

早期基于博弈树的回合制游戏 AI 研究，通过引入启发式规则，将人类专家经验或典型范例作为建模基础，构建博弈树来研究对抗双方的博弈过程，并结合经典博弈树模型方法计算最优解。然而，对于许多棋类游戏而言，完整的博弈树规模庞大。表 1.1 为代表性棋类游戏的复杂度。因此，只能通过求近似解的过程来逼近实际解的分布。限于有限的问题求解空间规模，得到的最优值估计一般是局部最优解而非全局最优解，这使最终的解存在一定的偏差，并影响最终的性能表现。近期围棋 AI 的发展历程见 3.2.2 节。

表 1.1　代表性棋类游戏的复杂度

棋类游戏	棋盘点位数 /个	状态空间复杂度（以 10 为底数）	博弈树复杂度（以 10 为底数）	平均游戏步数/步
西洋双陆棋	28	20	144	55
四子棋	42	13	21	36
西洋跳棋	50	30	54	90
黑白棋	64	28	58	58
国际象棋	64	47	123	70
日本将棋	81	71	226	115
中国象棋	90	40	150	95
六贯棋	121	57	98	50
五子棋	225	105	70	30
六子棋	361	172	140	30
围棋	361	170	360	150

1.2.2　牌类游戏人工智能发展历程

相比完全信息博弈，非完全信息博弈因具有信息的不透明性和不确定性，因此更加贴近现实世界的状况，具有更加深远的研究意义。对于非完全信息回合制游戏，以扑克为代表的牌类游戏受到的关注度最高。牌类游戏 AI 发展历程如下。

① 1984 年，由扑克职业玩家 Mike Caro 创建的基础扑克 AI 程序 Orac，首次作为游戏 AI 参加了世界扑克大赛。

② 1995 年，Billings[20] 提出将非完全信息博弈与计算机科学相结合，并成立阿尔伯塔大学计算机扑克研究组，开始扑克游戏 AI 的研究。

③ 1998 年，Billings 等[21] 研制的扑克 AI Loki，应用于有限下注的德州扑克竞赛。

④ 2003 年，针对二人有限德州扑克问题，Billings 等[22] 给出理论最优策略，进一步提升德州扑克 AI 表现性能。

⑤ 2008 年，Rehmeyer 等[23] 研制的德州扑克智能体 Polaris，在统计意义上战胜德州扑克职业级玩家，首次击败人类专业选手。

⑥ 2016 年，DeepStack [10] 基于反事实遗憾最小化算法，在一对一德州扑克中战胜专业人类玩家。

⑦ 2017 年，Libratus [9] 战胜顶尖人类玩家，在一对一无限注德州扑克取得巨大突破。

⑧ 2019 年，Pluribus [11] 在六人无限注德州扑克中击败人类专业玩家，在多人德州扑克对抗中取得里程碑式成就。

⑨ 2020 年，Suphx 在日本麻将平台"天凤"上晋升为十段，表现水平超过99% 的人类玩家。

非完全信息游戏相比完全信息游戏具有大量有效信息被隐藏的特性，决策模型需要根据当前已掌握的局部信息推理未来可能发生的各种情况，使决策动作空间具有明显的不确定性。如表 1.2 所示，信息集是博弈论中的基本概念，是指对于特定的参与者建立基于其所观测到的所有博弈中可能发生动作的集合，即信息集越多，可能的动作空间越大。因此，由于决策动作空间庞大，采用完全信息博弈的解决方法，如动态规划（dynamic programming，DP）或极小化极大等算法无法直接求解非完全信息博弈问题，只能在一定程度上近似估计。目前，深度强化学习（deep reinforcement learning，DRL）方法通过状态表征压缩和模型强化训练，可以有效降低博弈问题的搜索空间代价，增强模型的环境泛化性和适应性，为非完全信息下游戏 AI 的设计和研究提供重要的指导。

表 1.2　代表性牌类游戏的复杂度

棋类游戏	牌面数目/张	信息集数目 （以 10 为底数）	信息集平均大小 （以 10 为底数）	手牌数量/张
两人德州扑克（限注）	52	14	3	2
两人德州扑克（无限注）	52	162	3	2
桥牌	52	67	15	13
麻将	152	121	48	13

1.2.3　棋牌类游戏人工智能测试平台

棋牌类游戏的规则明确且结构清晰，可以涵盖完全信息与非完全信息下的回合制博弈特性，受到研究人员的广泛关注，并取得众多突出成果。为了有效测试棋牌类游戏 AI 的性能，需要在公平、公正、公开的测试平台上进行验证。表 1.3 列出了具有一定受众研究基础的主要棋牌类游戏 AI 测试平台。相关平台描述如下。

表 1.3   主要棋牌类游戏 AI 测试平台

平台名称	适用游戏类型	编程语言
Piskvork	五子棋	C++
UCI	国际象棋	C/C++
UCCI	中国象棋	C/C++
OGS	围棋	JavaScript
Tenhou	麻将	Go
ACPC	德州扑克等牌类竞技	Ruby
RLCard	斗地主、优诺牌、21 点等	Python

① Piskvork①是一种五子棋标准测试平台，支持人人、人机、机机三种对弈类型，可根据对局要求调节棋盘尺寸、对局规则，以及思考时间等重要元素，提供多种五子棋内置游戏引擎作为测试参考。同时，Piskvork 是五子棋人工智能竞赛 Gomocup 的指定竞赛平台。

② UCI②（universal chess interface）也称国际象棋通用接口，是一种面向国际象棋的开放式通信协议，兼容 XBoard、Arena、Shredder 等国际象棋测试界面，广泛应用于众多高水平国际象棋 AI。

③ UCCI③（universal Chinese chess interface）也称中国象棋通用接口，是一种面向中国象棋的开放式通信协议。除部分规则，其具体应用功能与 UCI 相似。

④ OGS④是一个国际性的围棋在线对弈系统，支持人人、人机、机机三种对弈类型。同时，支持所有类型的围棋规则，并提供不同段位的围棋 AI 作为验证测试。

⑤ Tenhou⑤也称"天凤"，是一个国际专业麻将平台，具有完善的竞技规则和专业的段位体系。微软亚洲研究院研制的 Suphx 的表现水平正是在该平台得到验证的。

⑥ ACPC⑥（annual computer poker competition）也称计算机扑克年度竞赛。它发起于 2006 年，由阿尔伯塔大学和卡内基·梅隆大学联合推动，是国际公认水平最高的计算机扑克大赛。ACPC 以德州扑克作为重要的游戏 AI 竞赛项目。

⑦ RLCard⑦是一个基于强化学习的牌类游戏 AI 训练及测试平台[24]。对抗环境部分包含斗地主、优诺牌、21 点、麻将、德州扑克等牌类游戏。强化学习部分有四种算法，即 DQN、神经虚拟自我博弈、反事实后悔最小化，以及深度反事实后悔最小化。

---

① https://gomocup.org/download-gomocup-manager/
② https://www.chessprogramming.org/UCI
③ https://www.xqbase.com/protocol/cchess_ucci.htm
④ https://online-go.com/
⑤ https://tenhou.net/
⑥ http://www.computerpokercompetition.org/
⑦ https://github.com/datamllab/rlcard

除了上述棋牌类游戏 AI 测试平台，棋牌类相关的游戏 AI 竞赛也极大地促进了该研究领域的进步与发展。每年由国际计算机博弈学会举办的计算机奥林匹克运动会都涵盖大量主流的棋类游戏竞赛。另外，国内的全国大学生计算机博弈大赛和全国计算机博弈锦标赛也应运而生。前者面向大学生，相关竞赛项目包括六子棋、点格棋、亚马逊棋、苏拉卡尔塔棋、幻影围棋等规模较小的棋类游戏。后者面向国内科研人员，相关竞赛项目包括中国象棋、围棋、斗地主、麻将、德州扑克、桥牌等主流棋牌类游戏。国内游戏 AI 赛事的成功举办有力地促进了我国游戏 AI 研究水平的持续提高。

1.3　即时制游戏人工智能

即时制游戏要求所有玩家同步进行己方的决策行为，不再受回合时间约束。因此，即时制游戏需要玩家在短暂的反应时间内快速执行有利于己方的决策行为，使游戏运行过程紧凑且局势瞬息万变。同时，随着机器学习的不断发展和创新，以深度强化学习为代表的新一代人工智能方法在即时制游戏领域取得令人瞩目的研究成果[25,26]。深度强化学习方法应用的典型即时制游戏包括雅达利游戏、第一人称视角游戏，以及即时策略游戏等，主要涵盖从二维完全信息单智能体决策游戏到三维不完全信息多智能体协作游戏。当前主流即时游戏 AI 竞赛平台（表 1.4）涵盖了动作冒险类游戏、第一人称视角射击游戏、即时策略游戏等类别。根据游戏顶层控制器对应的可控智能体数量，可划分为单智能体决策与多智能体协作两大类别。

表 1.4　主流即时游戏 AI 竞赛平台

竞赛名称	游戏类型	智能体类型
OpenAI Retro 竞赛	动作冒险类游戏	单智能体决策
OpenAI Procgen 竞赛	自生成式视频游戏	单智能体决策
ViZDoom AI 挑战赛	第一人称视角射击游戏	单智能体决策
星际争霸 AI 挑战赛	即时策略游戏	单智能体决策
microRTS 挑战赛	即时策略游戏	单智能体决策
格斗游戏 AI 挑战赛	实时格斗游戏	单智能体决策
通用视频游戏 AI 挑战赛	实时视频游戏	单智能体决策与多智能体协作混合
微软 Malmo 协同 AI 挑战赛	协同决策游戏	多智能体协作
NeurIPS 炸弹人挑战赛	2v2 协作对抗游戏	多智能体协作
星际争霸多智能体挑战赛	多单位微操控制游戏	多智能体协作

1.3.1　即时制游戏平台和竞赛

公开的游戏平台和竞赛对游戏人工智能的研究和发展具有重大的推动作用。通过这些平台可以公平、公正、公开地比较和评估各类算法设计的性能水平。目前，游戏 AI 领域有许多公开的环境测试平台，可以方便研究人员对不同的 AI 算法进行性能比较与测试。常用的游戏平台如下。

① 雅达利 (Atari) 游戏[27]，是一款早期的游戏 AI 测试平台。雅达利游戏的一系列相关研究极大地推动了深度强化学习方法从一个新兴领域迈向成熟的过程。

② OpenAI Gym，是由 OpenAI 设计并推出的一款标准游戏平台，可以用于算法优化与性能比较。Gym 是首个成功集成大部分强化学习游戏的测试平台，可以为模型算法的推广与复现提供极大的便利。

③ OpenAI Universe，是由 OpenAI 研制的一款适合更加复杂游戏的集成训练与测试平台。相较 Gym，该平台可以为视频游戏提供更加丰富的接口，以方便研究者开展更加复杂的视频游戏研究。

④ DeepMind Lab，是由 DeepMind 公司发布的一款基于三维环境下的迷宫游戏环境，并将其作为测试基准，鼓励研究人员采用深度强化学习方法提升智能体在路径规划、目标导航与物体识别等方面的能力。

⑤ PySC2，是由 DeepMind 公司和暴雪公司联合发布的，以星际争霸 II 作为载体，适合人工智能方法研究的重要学习环境，意在促进人工智能在即时策略游戏上的应用与发展。

⑥ ViZDoom [28]，是基于毁灭战士游戏环境的第一人称视角射击游戏，适合机器学习，尤其是深度强化学习方法的研究。

⑦ GVGAI [29]（general video game artificial intelligence），是通用视频游戏 AI 框架。其设计目标是一种通用的游戏 AI 控制器，以适应不同游戏环境或任务的要求，旨在推动可自适应任何游戏环境的 AI 算法研究。

1.3.2　雅达利游戏

如图 1.2 所示，雅达利游戏是 20 世纪 80 年代风靡全球的街机视频游戏，属于完全信息即时单智能体决策任务类型。长久以来，雅达利游戏的视频控制任务都极具挑战性，很难有算法可以同时适应不同游戏环境的需求。2015 年，DeepMind 团队提出的 DQN 算法[30]在雅达利游戏上取得突破性进展。DQN 算法通过模拟人类玩家的游戏过程，将游戏画面以帧为单位作为信息输入，游戏得分作为强化学习奖赏信号。在训练收敛结束后对其进行测试时发现，DQN 模型在 49 个视频游戏中的得分表现均超越人类高级玩家水平。随后研究人员在雅达利游戏上进行了一系列改进工作，使整体表现得到进一步提升。以人类玩家的平均水平为基准，DQN 及改进算法在雅达利游戏中的平均得分与中位值得分如表 1.5 所示。

蒙特祖玛的复仇是雅达利游戏中难度最大的游戏环境。该游戏以目标导向作为学习环境，需要具备长期规划的能力，并且相应的奖赏信号较为稀疏。深度强化学习方法结合高效的探索机制[40]、人类数据克隆预训练[41]，以及分层模仿学

表 1.5　DQN 及改进算法在雅达利游戏的平均得分与中位值得分（相对人类平均得分的百分比）

算法名称	平均得分/%	中位值得分/%
DQN [30]	228	79
PER-DQN（优先经验回放 DQN）[31]	434	124
Double-DQN（双重 DQN）[32]	307	118
Dueling-DQN（优势函数评估 DQN）[33]	373	151
C51（值分布 DQN）[34]	701	178
UNREAL（非监督辅助任务 DQN）[35]	880	250
QR-DQN（quantile regression DQN，分位数回归 DQN）[36]	915	211
IQ-DQN（implicit quantile DQN，隐式量化 DQN）[37]	1019	218
Rainbow（彩虹）[38]	1189	230
Ape-X DQN（分布式优先级经验回放 DQN）[39]	1695	434
Ape-X DQfD（分布式优先级经验回放模仿学习 DQN）	2346	702

习[42] 等方法可在一定程度上提升智能体在复杂游戏环境中的表现能力。Ecoffet 等[43] 提出的 Go-Explore 方法在复杂的探索环境中构建已访问过的不同状态的记录，确保已访问过的状态不会被遗忘。随后以记录中价值较高的状态作为起始目标，达到目标状态后进行新一轮的环境探索，提升智能体探索效率。该方法在蒙特祖玛的复仇中超越了人类顶尖水平。

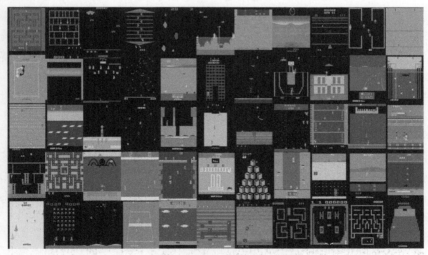

图 1.2　雅达利游戏环境

1.3.3　第一人称视角游戏

不同于雅达利游戏将完全信息状态作为模型输入，第一人称视角游戏属于典型的部分可观测环境，将不完全信息作为状态输入（图 1.3）。该类游戏在强化学习中属于部分可观测马尔可夫决策过程（Markov decision process, MDP），需要充分考虑探索空间和历史记忆。

图 1.3   第一人称视角游戏环境

  Parisotto 等[44] 提出的神经地图是一个适用于三维环境的具备自适应记录能力的记忆系统，可以存储任意时间长度的信息，并且在 ViZDoom 迷宫环境中展现出良好的泛化能力。清华大学研究团队联合腾讯 AI Lab 提出的基于深度强化学习与目标检测的 TSAIL 射击游戏 AI 程序获得 2018 年 ViZDoom 竞赛的冠军[45]。针对第一人称视角下的动作空间大且奖赏信号稀疏等问题，Huang 等[46] 利用目标检测算法，与强化学习有效融合，可以极大地提高模型训练效率。针对第一人称视角下的车辆横向控制问题，Li 等[47] 基于 TORCS 赛车环境提出一种两阶段的训练方法，两阶段即多任务学习感知阶段和强化学习控制阶段。Zhu 等[48] 利用第一人称视角的图像信息感知驾驶数据，通过深度强化学习方法训练深度卷积神经网络，有效学习车辆横向控制策略。Tessler 等[49] 采用迁移学习（transfer learning, TL）和分层强化学习，在第一人称视角游戏 Minecraft 的不同任务间实现知识的复用和策略的迁移。Jaderberg 等[35] 使用辅助任务深度强化学习，在第一人称视角游戏 DeepMind Lab 上进一步提高智能体学习优化效率。

1.3.4   即时策略游戏

  即时策略游戏是一种即时进行的战略对抗游戏。玩家在该类游戏中作为战场指挥官，负责环境资源调度与战场兵力部署[50]。星际争霸作为即时策略游戏的典型代表，主要存在两方面的挑战，一方面是战争迷雾的存在使游戏成为不完全信息动态博弈，另一方面是具有单位控制种类繁多、数量巨大、决策制定时间跨度大等特点，因此被普遍认为是人工智能要挑战的下一个领域。谷歌、OpenAI、腾讯、启元世界等公司纷纷对以星际争霸和刀塔为代表的即时策略游戏展开了深入细致的研究，将其作为人工智能研究的重要平台来开发 AI 系统，以此击败人类顶级选手。

DeepMind 团队面向星际争霸 II 研制的 AlphaStar [17]，采用新型异策略（off-policy）执行器-评价器强化学习算法，结合优先级经验回放（experience replay，ER）、自模仿学习和策略蒸馏等技术，击败了人类职业选手。AlphaStar 的网络模型输入来自原始游戏接口数据，包括单位建筑信息、二维地图信息，以及动作序列等信息，输出是一组指令，涵盖游戏所有可行动作的集合。神经网络的具体结构包括处理单位信息的变形网络 (transformer)、深度长短期记忆（long short-term memory，LSTM）核、基于指针网络的自动回归策略头和集中式价值评估基准。神经网络权重训练部分基于新型的多智能体学习算法，首先使用人类匿名对战数据对网络权重进行监督训练，通过模仿来学习星际天梯上人类玩家的微观策略与宏观策略。这种模仿人类玩家的方式让初始的智能体能够以 95% 的胜率打败星际内置的精英 AI。随后设计了一种智能体联盟的概念，将初始化后每一代训练的智能体都放到这个联盟中。新一代的智能体需要和整个联盟中的其他智能体相互对抗，通过强化学习训练新智能体更新网络权重。这样智能体在训练过程中会持续不断地探索策略空间中各种可能的作战策略，同时也不会将过去已经学到的策略遗忘。AlphaStar 的决策过程如图 1.4 所示。

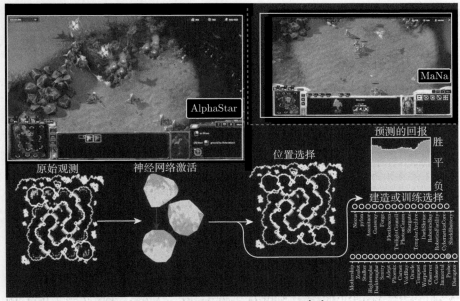

图 1.4　AlphaStar 的决策过程[17]

OpenAI 针对多人在线战略竞技游戏刀塔 2，研究并开发适应于单智能体决策和多智能体协作的游戏 AI，即 OpenAI Five。在战争迷雾、长时决策、稀疏奖赏、信誉分配等问题的作用下，OpenAI Five 证明了从随机初始化参数开始经过自我博弈的深度强化学习方法在 1v1、2v2、5v5 的刀塔 2 游戏中都能击败职业选手。它将原始数值信息、英雄特征，以及小地图信息等元素作为模型输入。神经网络模型结构简单，使用 1024 个单元的 LSTM 神经网络，基于 PPO 算法优化，使 OpenAI Five 掌握团队战斗的关键能力，最终转移为团队胜利。Open AI Five 的游戏画面如图 1.5 所示。

图 1.5   OpenAI Five 的游戏画面

1.4   游戏人工智能的关键性挑战与研究思路

虽然复杂环境下的游戏 AI 研究取得了一系列突破性进展，但是仍然面临许多挑战。以数据驱动的深度学习方法需要海量且高质量的人为标注数据为支撑，提高深度神经网络模型的泛化性。强化学习的优化过程需要平衡探索与利用之间的关系，考虑稀疏奖赏、延迟奖赏等问题。游戏 AI 研究过程面临的重要挑战和可能的解决方案可归纳如下。

① 探索空间庞大。游戏环境中高维的状态动作空间庞大且探索过程复杂，尤其是策略竞技类游戏，因此可以通过引入深度神经网络模型对环境信息进行表征学习，使其从复杂的环境信息中提取特征，压缩状态空间维度并获得有效的环境表征信息。此外，以专家经验为指导，将任务环境按照由易到难的过程，通过课

程学习的方式逐步探索复杂空间，有效增强环境探索效率。

②策略学习困难。面对动态且未知环境时，学习型模型难以在短时间内从零开始学习到有效策略。随着深度神经网络方法的不断普及与应用、游戏数据的不断积累与完善，基于数据驱动的监督式预训练配合深度强化学习的持续性优化可以有效解决模型冷启动困难的问题，提高相应的学习效率，并且在围棋[6]、星际争霸[17]、麻将等复杂决策环境取得突破性研究成果。

③模型泛化有限。游戏 AI 方法一般是针对特定游戏环境设计的，难以在其他类似或不同的游戏环境上进行迁移，致使方法泛化性有限，无法节省游戏 AI 的设计与开发时间。以 DQN 为代表的深度强化学习方法，可以在不同的雅达利游戏环境采用同种方法进行学习优化，以适应不同环境任务的需求。此外，以蒙特卡罗树搜索（Monte Carlo tree search, MCTS）算法[51]和滚动时域演化算法[52]为代表的统计前向规划（statistical forward planning，SFP）方法无须进行模型训练，而是以基于前向模型推理的方式自适应不同游戏环境的需求，并且在通用视频游戏 AI 任务得到成功应用[29]。

目前，游戏 AI 的研究思路主要集中在两个方向。一个方向是在专家知识的基础上构建启发式规则系统，设计高效的最优决策解搜索算法。另一个方向是在机器学习方法的基础上构建策略模型，通过交互数据驱动的方式优化模型决策过程。在早期硬件计算资源相对落后且算力不足的情况下，基于规则约束的方式可以减小问题解空间，然后通过启发式搜索找到可行最优解。随着硬件计算性能的不断提升和数据信息存储的持续增加，基于数据驱动和环境交互的最优化算法正发挥着举足轻重的作用。

1.5　游戏人工智能的未来发展趋势与展望

面向游戏 AI 的智能决策对于智能决策方法在相关专业领域的发展和应用具有深远的现实意义。近年来，基于深度强化学习的游戏 AI 智能体在众多游戏中取得令人瞩目的研究成果。从二维完全信息单智能体决策，到三维不完全信息多智能体协作，以深度强化学习为代表的新一代智能决策方法在这些复杂游戏中达到了顶尖玩家水平，并且在以围棋为代表的复杂回合制游戏和以星际争霸为代表的复杂即时制游戏中击败人类顶尖职业玩家。与此同时，深度强化学习方法在理论基础和实际应用方面也得到进一步发展，在样本利用率、泛化性、不完全信息、多智能体学习和高效探索等方面不断完善。

尽管游戏 AI 已经取得一系列突破性成果，但是对于复杂的游戏环境，完全基于深度强化学习方法来展开工作依然存在一定的困难。基于上述考虑，未来的相关研究工作可以从以下几个方面展开。

1.5.1   基于深度强化学习方法的策略模型泛化性

基于深度强化学习方法的策略模型在训练过程中的泛化性通常很难得到有效保证。尤其是，在复杂游戏场景中长期系统决策、奖赏信号稀疏时，策略模型的环境探索泛化性很难达到理想效果，使最终的模型表现性能有限。目前，针对深度强化学习策略模型泛化性不足的问题，常用的方法有 L1、L2 范数正则化、状态信息熵最大化、好奇心驱动机制、状态探索计数、数据增广，以及辅助任务训练优化等。此外，还可引入种群优化的思想，设计联盟训练机制，实现群体智能协同优化。综上所述，可通过增强模型探索多样性，丰富环境交互训练样本，从而提升策略模型的泛化性。

1.5.2   构建高效鲁棒合理的前向推理模型

前向推理模型可使策略模型具备长期推理规划的能力，有效解决神经网络模型应激性反应缺陷，增强模型的深层推理能力。基于前向推理模型的统计前向规划方法，不需要对模型进行训练和优化便可适应游戏任务环境，并达到一定的性能水平。然而，这类基于前向模型的推理决策方法需要依靠系统辨识度较高的前向模型作为状态结果推理器进行统计采样，从而获得最优可行解。为满足实时性要求，通常需要简化前向模型系统的复杂度。这使设计者需要平衡系统辨识度和实时性的矛盾。因此，可考虑采用 MuZero [53] 这类可学习型前向神经网络建模方法，通过拟合前向模拟器结果来增强模型前向规划能力，缩短系统推理时间，提高系统辨识性。但是，这需要采集或生成较多的系统状态动作，构成辨识信息数据集。同时，为使模型能够有效拟合大规模样本的分布，系统模型复杂度会不可避免地增长，使前向推理速度过慢而产生时延问题。因此，在满足实时性要求的前提下，构建高效、鲁棒且合理的前向模型对于提高基于前向模型推理的算法性能至关重要。

1.5.3   增强模型的环境适应和学习优化性能

如何将深度强化学习方法的策略学习优化性与统计前向规划型方法的环境模型适应性有机结合，使游戏 AI 模型可以同时兼具良好的模型优化性和环境适应性，实现智能决策模型高效优化，已成为一个重要的研究方向。借鉴 Go-Explore [43]研究思路，为不同状态构建高效的存档记录，通过存档记录价值，将对应的高价值存档记录作为初始探索状态，提高模型的环境探索与交互适应性，以此增强模型的学习优化性能。另外，以 MuZero [53] 为代表的深度强化学习与统计前向规划进行的深度融合方法，已经在回合制游戏和即时制游戏任务中取得突出成果，并且模型训练效率较早期 AlphaGo Zero 模型取得了显著提升，也进一步证明该研究方向的可行性和发展潜力。

1.5.4　从虚拟环境到实际应用的迁移

游戏作为虚拟仿真环境具有安全、高效、成本低等优势，可以有效近似现实世界的实际任务环境。利用游戏 AI 算法实现从仿真到实体的虚实迁移过程，具有深远的意义。通常，虚实迁移要求游戏仿真环境具备高效且逼真的物理仿真环境，并经过仿真环境交互产生的大量数据来优化系统策略模型。然而，当虚实环境执行误差较大时会使模型学习到的策略无法直接应用到实体环境。一种有效的解决思路是在状态空间和动作空间的设计上，缓解虚实环境差异对算法迁移造成的影响，引入域随机化的思想，通过在仿真环境添加多尺度噪声影响来增强模型系统鲁棒性，从而更深层次地实现从仿真到实体的模型鲁棒训练迁移，真正实现虚拟与实体的有效融合。除了实体应用需求，当前游戏 AI 的突破性研究进展大部分集中在虚拟玩家设计上，利用数据驱动技术优化虚拟玩家水平，提高游戏智能体的智能化、拟人化、多样性风格。游戏 AI 技术同样需要做到以人为本，不应止于智能体的性能表现水平，同时应当用于游戏设计过程中提升玩家的体验感和舒适度，增强游戏的趣味性与可玩性。腾讯、网易、字节跳动等国内顶尖游戏 AI 公司纷纷将注意力转移至此，以深度强化学习为核心结合其他先进算法和模型，在游戏数值策划、游戏关卡设计、游戏角色生成，以及游戏系统测试等重要相关领域开展应用研究。最终的目标是让游戏 AI 服务于整个游戏行业，辐射到其他现实生活问题，如智能驾驶、机器人等。

1.6　本 章 小 结

本章首先介绍了游戏人工智能的背景和意义，以及游戏人工智能的研究发展。然后，给出了回合制游戏人工智能和即时制游戏人工智能方法的发展历程和典型的测试平台。最后，总结了游戏人工智能的关键性挑战与研究思路，分析了游戏人工智能的未来发展趋势与展望。

参 考 文 献

[1] Yannakakis G N, Togelius J. Artificial Intelligence and Games. New York: Springer, 2018.

[2] Turing A M, Bates M A, Bowden B V, et al. Digital Computers Applied to Games. London: Pitman, 1953.

[3] Samuel A L. Some studies in machine learning using the game of checkers. IBM Journal of Research and Development, 1959, 3(3): 210-229.

[4] Tesauro G. Practical issues in temporal difference learning. Machine Learning, 1992, 8(3-4): 257-277.

[5]   Hsu F H. IBM's Deep Blue chess grandmaster chips. Micro IEEE, 1999, 19(2): 70-81.

[6]   Silver D, Huang A, Maddison C J, et al. Mastering the game of Go with deep neural networks and tree search. Nature, 2016, 529(7587): 484-489.

[7]   Silver D, Schrittwieser J, Simonyan K, et al. Mastering the game of Go without human knowledge. Nature, 2017, 550(7676): 354-359.

[8]   Silver D, Hubert T, Schrittwieser J, et al. A general reinforcement learning algorithm that masters Chess, Shogi, and Go through self-play. Science, 2018, 362(6419): 1140-1144.

[9]   Brown N, Sandholm T. Superhuman AI for heads-up no-limit poker: Libratus beats top professionals. Science, 2018, 362(6374): 418-424.

[10] Moravcik M, Schmid M, Burch N, et al. Deepstack: Expert-level artificial intelligence in heads-up no-limit poker. Science, 2017, 356(6337): 508-513.

[11] Brown N, Sandholm T. Superhuman AI for multiplayer poker. Science, 2019, 365 (6456): 885-890.

[12] Jaderberg M, Czarnecki M W, Dunning I, et al. Human-level performance in 3D multiplayer games with population-based reinforcement learning. Science, 2019, 364 (6443): 859-865.

[13] Wu B. Hierarchical macro strategy model for MOBA game AI //AAAI Conference on Artificial Intelligence, 2019: 1206-1213.

[14] Ye D, Chen G, Zhang W, et al. Towards playing full MOBA games with deep reinforcement learning //Advances in Neural Information Processing Systems, 2020: 621-632.

[15] Ye D, Chen G, Zhao P, et al. Supervised learning achieves human-level performance in MOBA games: A case study of honor of kings. IEEE Transactions on Neural Networks and Learning Systems, 2020, 33(3): 908-918.

[16] Ye D, Liu Z, Sun M, et al. Mastering complex control in MOBA games with deep reinforcement learning //AAAI Conference on Artificial Intelligence, 2020: 6672-6679.

[17] Vinyals O, Babuschkin I, Czarnecki M W, et al. Grandmaster level in StarCraft II using multi-agent reinforcement learning. Nature, 2019, 575: 350-354.

[18] von Neumann J. Zur theorie der gesellschaftsspiele. Mathematische Annalen, 1928, 100: 295-320.

[19] Shannon C. Programming a computer for playing chess. Philosophical Magazine, 1950, 41(314): 256-275.

[20] Billings D. Computer poker. Artificial Intelligence, 1995, 134(12): 2002.

[21] Billings D, Papp D, Schaeffer J, et al. Opponent modeling in poker //AAAI Conference on Artificial Intelligence, 1998: 493-499.

[22] Billings D, Burch N, Davidson A, et al. Approximating game-theoretic optimal strategies for full-scale poker //International Joint Conference on Artificial Intelligence, 2003: 661-668.

[23] Rehmeyer J, Fox N, Rico R. Ante up, human: The adventures of polaris the poker-playing robot. Wired, 2008, 16: 186-191.

[24] Zha D, Lai K H, Cao Y, et al. RLCard: A platform for reinforcement learning in card games// International Joint Conference on Artificial Intelligence, 2020: 5264-5266.

[25] 赵冬斌, 邵坤, 朱圆恒, 等. 深度强化学习综述: 兼论计算机围棋的发展. 控制理论与应用, 2016, 33(6): 701-717.

[26] 唐振韬, 邵坤, 赵冬斌, 等. 深度强化学习进展: 从 AlphaGo 到 AlphaGo Zero. 控制理论与应用, 2017, 34(12): 1529-1546.

[27] Marc G B, Yavar N, Joel V, et al. The arcade learning environment: An evaluation platform for general agents. Journal of Artificial Intelligence Research, 2013, 47: 253-279.

[28] Kempka M, Wydmuch M, Runc G, et al. ViZDoom: A doom-based AI research platform for visual reinforcement learning //IEEE Conference on Computational Intelligence and Games, 2017: 1-8.

[29] Perez D, Samothrakis S, Togelius J, et al. The 2014 general video game playing competition. IEEE Transactions on Computational Intelligence and AI in Games, 2016, 8(3): 229-243.

[30] Mnih V, Kavukcuoglu K, Silver D, et al. Human-level control through deep reinforcement learning. Nature, 2015, 518(7540): 529-533.

[31] Schaul T, Quan J, Antonoglou I, et al. Prioritized experience replay //Proceedings of the 5th International Conference on Learning Representations, 2016: 1-11.

[32] van Hasselt H, Guez A, Silver D. Deep reinforcement learning with double Q-learning //The 30th AAAI Conference on Artificial Intelligence, 2016: 1-7.

[33] Wang Z, Schaul T, Hessel M, et al. Dueling network architectures for deep reinforcement learning //Proceedings of the 33th International Conference on Machine Learning, 2016: 1995-2003.

[34] Bellemare M G, Dabney W, Munos R. A distributional perspective on reinforcement learning //Proceedings of the 34th International Conference on Machine Learning, 2017: 449-458.

[35] Jaderberg M, Mnih V, Czarnecki W M, et al. Reinforcement learning with unsupervised auxiliary tasks //International Conference on Learning Representations, 2017: 1-12.

[36] Dabney W, Rowland M, Bellemare M G, et al. Distributional reinforcement learning with quantile regression //The 32th AAAI Conference on Artificial Intelligence, 2018: 2892-2901.

[37] Dabney W, Ostrovski G, Silver D, et al. Implicit quantile networks for distributional reinforcement learning// Proceedings of the 35th International Conference on Machine Learning, 2018: 1096-1105.

[38] Hessel M, Modayil J, van Hasselt H, et al. Rainbow: Combining improvements in deep reinforcement learning //The 32nd AAAI Conference on Artificial Intelligence, 2018: 3215-3222.

[39] Horgan D, Quan J, Budden D, et al. Distributed prioritized experience replay. International Conference on Learning Representations, 2018: 1-11.

[40] Ostrovski G, Bellemare M G, Oord A, et al. Count-based exploration with neural density models//Proceedings of the 34th International Conference on Machine Learning, 2017: 2721-2730.

[41] Aytar Y, Pfaff T, Budden D, et al. Playing hard exploration games by watching YouTube//Advances in Neural Information Processing Systems, 2018: 2930-2941.

[42] Le H M, Jiang N, Agarwal A, et al. Hierarchical imitation and reinforcement learning// Proceedings of the 35th International Conference on Machine Learning, 2018: 2917-2926.

[43] Ecoffet A, Huizinga J, Lehman J, et al. First return, then explore. Nature, 2021, 590: 580-586.

[44] Parisotto E, Salakhutdinov R. Neural map: Structured memory for deep reinforcement learning//Proceedings of the 7th International Conference on Learning Representations, 2018: 1-11.

[45] Song S, Weng J, Su H, et al. Playing FPS games with environment-aware hierarchical reinforcement learning//The Twenty-Eighth International Joint Conference on Artificial Intelligence, 2019: 1-12.

[46] Huang S, Su H, Zhu J, et al. Combo-action: Training agent for FPS game with auxiliary tasks//The 33th AAAI Conference on Artificial Intelligence, 2019: 955-961.

[47] Li D, Zhao D, Zhang Q, et al. Reinforcement learning and deep learning based lateral control for autonomous driving. IEEE Computational Intelligence Magazine, 2019, 14(2): 83-98.

[48] Zhu Y, Zhao D. Driving control with deep and reinforcement learning in the open racing car simulator //International Conference on Neural Information Processing, 2018: 326-334.

[49] Tessler C, Givony S, Zahavy T, et al. A deep hierarchical approach to lifelong learning in Minecraft //AAAI Conference on Artificial Intelligence, 2017: 1553-1561.

[50] Tang Z, Shao K, Zhu Y, et al. A review of computational intelligence for StarCraft AI //2018 IEEE Symposium Series on Computational Intelligence, 2018: 1-7.

[51] Browne C B, Powley E, Whitehouse D, et al. A survey of Monte Carlo tree search methods. IEEE Transactions on Computational Intelligence and AI in Games, 2015, 4(1): 1-43.

[52]　Perez D, Samothrakis S, Lucas S, et al. Rolling horizon evolution versus tree search for navigation in single-player real-time games //Genetic and Evolutionary Computation Conference, 2013: 351-358.

[53]　Schrittwieser J, Antonoglou I, Hubert T, et al. Mastering Atari, Go, chess and Shogi by planning with a learned model. Nature, 2020, 588: 604-609.

第 2 章　基本游戏人工智能方法

2.1　引　　言

  AlphaGo 策略博弈模型在训练前期将人类专家经验作为性能快速提升的训练样本，并将深度强化学习算法的学习优化性与统计前向规划算法的模型推理性有机结合，采用对抗博弈过程优化网络模型参数，通过策略网络筛选合理候选点位来缩小搜索宽度，使用价值网络评估局势降低搜索深度，提升模型搜索效率并提高胜率估算精度，是人工智能领域的一个重要里程碑式的工作[1,2]。它的成功不仅对围棋 AI 领域的研究产生了极大的促进推动作用，也将深度强化学习与统计前向规划算法的研究推向了新的高度。

2.2　经典博弈树模型

  博弈树是由节点与边构成的单向无环图。对应图的根节点表示博弈双方的初始决策状态，叶节点表示博弈终止状态，其他节点分别对应推理过程中的可能状态。面向两人回合制的博弈树通过博弈双方轮流进行行为决策，从而影响对应态势的未来发展趋势，引导其走向对己方有利的局面，直至取得最终的胜利。通常意义上，博弈树的搜索过程假设对抗双方的行为目标是最优的，并根据该假设找到从根节点到叶节点的最优推理路径，对应最优的策略执行过程。

  博弈树的求解过程通常利用人类专家经验设计高效的启发式评估函数对博弈树中的所有叶节点进行评估。根据先前最优性假设，评估函数的评估值对于博弈双方均为最优表示。常用的博弈树搜索方法包括极小化极大算法[3]、α-β 剪枝算法[4] 等。

2.2.1　极小化极大算法

  极小化极大算法是传统机器博弈的基础性方法，在众多经典的回合制游戏中得到广泛应用。作为博弈树搜索算法，极小化极大算法假设博弈双方遵循最小化对手回报且最大化己方回报的基本原则。例如，假定我方为极大方，对手为极小方。由于我方的目标是最大化回报，因此在制定决策行为时优先选择使我方回报最大的状态节点；反之，作为极小方的对手目标是最小化回报，朝向最不利于极大方的状态制定决策行为。

为了有效控制博弈树的搜索规模，满足规定时间内给出决策行为的基本要求，需要对博弈树限定搜索深度，通过启发式评估函数对博弈树上的每个叶节点状态价值进行计算。然后，根据极小化极大的保留规则，从叶节点出发反推上层节点的状态价值，直至根节点。最后，在根节点对应的所有直接后继子节点中，选择回报最高的节点作为当前状态的决策行为。算法示意图如图 2.1 所示。其中，v 为价值。

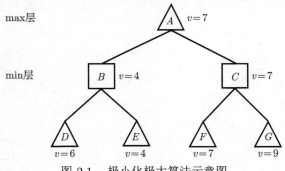

图 2.1　极小化极大算法示意图

负极小化极大算法是极小化极大算法的一种典型变体。它将原来的极小化极大目标 $\max(a, b)$ 转换为 $-\min(-a, -b)$。该算法的特点在于不需要逐层交替进行 max 与 min 操作，而是统一在所有的非叶节点处选择对应子节点中回报最小的节点，并将该子节点的回报以取负值的形式作为评估回报，从而有效降低计算过程中的逻辑复杂程度，提升模型前向推理效率。算法示意图如图 2.2 所示。

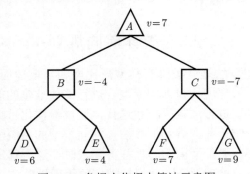

图 2.2　负极小化极大算法示意图

2.2.2　α-β 剪枝算法

α-β 剪枝算法是在极小化极大算法基础上改进的优化算法。极小化极大算法在计算过程中需要遍历整个博弈树，但是冗余节点会导致一些不必要的搜索过程。根据搜索节点的不同类型，可将冗余性分为极大值冗余和极小值冗余两种类型，分别对应 α 参数和 β 参数。

执行极小化极大算法时需要同时引入 α 参数和 β 参数，针对极大值冗余的 α 参数表示该节点的状态回报下界，针对极小值冗余的 β 参数表示该节点的状态回报上界。当对应计算为极大化时，若其对应的后继子节点在搜索过程中遇到小于 α 值的节点，则将该子节点的所有后继子节点进行剪枝删除（α 剪枝）。同理，当对应计算为极小化时，若其对应的后继子节点在搜索过程遇到大于 β 值的节点，则将该子节点的所有后继子节点进行剪枝删除（β 剪枝）。算法示意图如图 2.3 所示。

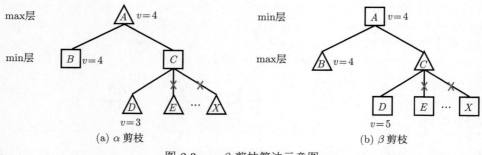

图 2.3 α-β 剪枝算法示意图

简而言之，α-β 剪枝算法通过记录中间回报值的方式，可以有效省却博弈树中极大值冗余或极小值冗余产生的不必要搜索时间。然而，当博弈树中不存在极大值冗余或极小值冗余时，α-β 剪枝算法的搜索效率则与极小化极大算法相差无几。

2.3   统计前向规划

统计前向规划型算法是一类具有模型泛化性和环境适应性的推理决策方法。其核心思想是基于系统环境构建前向模型，进行高效准确的前向推理规划。这类算法需要使用前向模型进行大量采样和迭代，通过最优化目标函数找到系统可行的近似最优解。对于统计前向规划型算法，前向模型的系统辨识度是影响这类方法推理准确性的重要因素。面向实时性任务需求时，这类算法以损失一定的系统辨识度换取较高的前向推理效率，并保持较好的表现性能。

统计前向规划算法基于系统环境构建前向模型，通过前向模型进行快速的环境交互与数据采样可以得到大量由当前状态、动作，以及下一时刻状态组成的数据样本。算法引入专家经验设计的启发式目标评价函数，对采样得到的数据进行价值评估。随后采用迭代更新优化的方法并结合最优化目标函数，提升模型前向规划性能，并得到高价值回报的状态-动作序列。因此，统计前向规划算法的核心要素是前向模型、模型采样、启发式评价函数、迭代更新。

① 前向模型通常是一个接近真实环境的状态转移系统。该系统可根据真实环境运行方式通过手工设计或数据学习得到。给定一个状态转移函数 f，然后根据当前的系统状态 s_t 和智能体动作 $a_t \in A$ 映射到下一个系统状态 s_{t+1}，记为 $s_{t+1} = f(s_t, a_t)$。若前向模型比较复杂，通常可通过简化的方式加快前向推理进程。

② 模型采样是指在前向模型中进行大量交互式采样来获取有效环境信息。常用的采样方法有均匀随机采样、重要性采样、蒙特卡罗采样，以及遗传算子采样等。

③ 启发式评价函数是针对状态节点价值性的评估函数，一般通过启发式专家知识定义和实现。启发式评价函数的构造过程需要同时兼顾简单易算和较高精确度的要求，以满足前向推理的实时性和准确性。

④ 迭代更新是指模型根据系统目标，通过迭代方式求解最高价值回报的优化过程。由于前向模型通常是系统仿真环境，无法直接传递计算梯度，因此采用无梯度的更新优化方法。根据迭代优化方式的不同，可分为基于树搜索优化的 MCTS 算法和基于遗传优化的滚动时域演化算法。

2.3.1　蒙特卡罗树搜索算法

MCTS 算法是一种经典的树型采样式推理规划方法[5]。它可以有效平衡探索（尚未遍历的状态空间节点）与利用（已获取状态空间的节点信息）之间的关系，通过蒙特卡罗随机采样的方式与模型环境交互，根据采样结果构建状态动作空间搜索决策树，直至达到终止条件。终止条件可定义为迭代次数或运行时间等多个条件限制搜索时长。迭代搜索结束后，指向评价最优的根节点动作将作为系统决策动作。蒙特卡罗算法是 MCTS 的核心采样方法，在统计物理学中得到广泛应用，可用于处理难以通过直接数值计算得到的积分问题解。Abramson 的研究表明，蒙特卡罗采样方法可近似得到博弈理论中的动作价值[6]。根据有效环境状态评估动作价值函数，具体形式为

$$Q(s, a) = \frac{1}{N(s, a)} \sum_{i=1}^{N(s)} \prod_i (s, a) z_i \tag{2.1}$$

其中，$Q(s, a)$ 为状态 s 时选择动作 a 的预期价值；$N(s, a)$ 为状态 s 时动作 a 被选择的次数；$N(s)$ 为访问状态 s 的总次数；z_i 为状态 s 第 i 次模拟的结果；$\prod_i (s, a)$ 为示例函数表示第 i 次状态 s 时动作 a 是否被选择，若被选择则为 1，反之则为 0。

MCTS 采用随机模拟的方式近似评估动作的实际价值，并通过评估的动作价值调整探索策略，使其能调整为最佳优先型策略。通常利用环境模型进行交互采

样，根据采样数据逐步生成博弈决策树。MCTS 迭代搜索优化过程如图 2.4 所示。每次的迭代优化需要经历以下四个阶段，分别是选择阶段、扩展阶段、仿真阶段和反向传播。

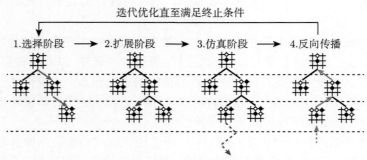

图 2.4   MCTS 迭代搜索优化过程

① 选择阶段。假定搜索树的根节点为 s_0，从根节点 s_0 到叶节点 l 需要经过的路径长度为 L，在路径上的第 t 步中，根据当前时刻搜索树的数据采样情况，选择当前状态 s_t 对应最大评估值的动作 a_t 作为下一步搜索路径。评估方式为

$$a_t = \arg\max_a \left(Q\left(s_t, a\right) + U\left(s_t, a\right) \right) \tag{2.2}$$

$$U\left(s_t, a\right) = c_{\mathrm{puct}} P\left(s_t, a\right) \frac{\sqrt{\sum_b N\left(s_t, b\right)}}{1 + N\left(s_t, a\right)} \tag{2.3}$$

$$P\left(s_t, a\right) = (1 - \varepsilon) P\left(s_t, a\right) + \varepsilon \eta \tag{2.4}$$

其中，c_{puct} 为平衡探索与利用之间的权重，当 c_{puct} 较大时，驱使搜索树向未知区域探索，反之驱使搜索树结果收敛；$\sum_b N\left(s_t, b\right)$ 为经过状态 s_t 的所有次数；$N\left(s_t, a\right)$ 为在状态 s_t 时选择动作 a 的次数；$P\left(s_t, a\right)$ 为状态 s_t 对应动作 a 的输出概率值；ε 为惯性因子；η 为服从一定概率分布的噪声。

② 扩展阶段。对搜索树选择的叶节点进行扩展。当叶节点处于状态 s_t 时，初始化对应动作边 $e\left(s_t, a\right)$ 的四元集，即 $N\left(s_t, a\right) = 0$、$W\left(s_t, a\right) = 0$、$Q\left(s_t, a\right) = 0$、$P\left(s_t, a\right) = 0$。

③ 仿真阶段。通常博弈双方采用随机策略的方式进行对抗仿真，直至达到推演时限，然后基于前向模型生成仿真推演结果。

④ 反向传播。仿真阶段结束后，可以得到搜索树中各节点的连接边关系信息。此时，需要将这些相关信息由叶节点反向传播到根节点进行更新。更新过程中访问次数 $N\left(s_t, a_t\right)$、动作累积价值 $W\left(s_t, a_t\right)$、动作平均值 $Q\left(s_t, a_t\right)$ 的更新过程为

$$N\left(s_t, a_t\right) = N\left(s_t, a_t\right) + 1 \tag{2.5}$$

$$W\left(s_t, a_t\right) = W\left(s_t, a_t\right) + V(s_t) \tag{2.6}$$

$$Q\left(s_t, a_t\right) = \frac{W\left(s_t, a_t\right)}{N\left(s_t, a_t\right)} \tag{2.7}$$

其中，$V(s_t)$ 为状态价值函数；随着模拟次数增加，动作平均值 $Q\left(s_t, a_t\right)$ 逐渐趋于稳定。

UCT（upper confidence bound apply to tree，应用于搜索树的上限置信区间）算法[7] 属于典型的蒙特卡罗搜索算法。该算法的特点是将置信上限（upper confidence bound，UCB）公式与 MCTS 相结合，包含极小化极大算法的核心思想与合理高效的搜索优化过程。UCB 公式可表示为

$$\mathrm{UCB} = \overline{r_i} + c\sqrt{\frac{2\ln N_i^p}{N_i}} \tag{2.8}$$

其中，c 为平衡系数；N_i 为节点 i 的访问次数；N_i^p 为节点 i 的父节点访问次数；$\overline{r_i}$ 为节点 i 的平均回报，通常由系统经过大量推理仿真采样后计算得到。

我们可以通过预先指定迭代更新次数或者运行推理时长等多个条件约束来限制搜索时长，利用 UCB 公式计算对应节点的上限信息值，在推理搜索过程中选择评估值较高或者未来潜质较优的节点进行深层次访问和探索。

UCT 算法的具体计算过程可分为四个阶段，即选择阶段、扩展阶段、仿真阶段、反向传播阶段。

① 选择阶段。利用 UCB 算法作为基本的树策略，选择并指向下一个节点作为将要扩展的节点。

② 扩展阶段。若当前选择节点处的搜索深度低于阈值 $D_{\max}$ 且是非终止状态时，则对该选择节点添加一个或多个子节点进行扩展。

③ 仿真阶段。利用启发式规则降低策略空间探索难度。然后，博弈双方通过随机策略的方式，在现有前向推理路径的基础上引入对手随机动作进行博弈推演，直至达到仿真时限或最大搜索深度，从而得到新的仿真结果。

④ 反向传播阶段。仿真阶段结束后，从当前扩展的叶节点处反向传播更新其所对应的各层级父节点表示的 UCB 值，直至反传到根节点处。随后返回第一步，再次进入选择阶段继续更新采样，直至满足系统预先定义的迭代更新要求。

相比传统博弈树搜索算法，UCT 算法可以有效平衡探索与利用之间的矛盾关系，利用较少的计算资源搜索逼近最优解，在时间复杂度和空间复杂度具有显著优势。因此，UCT 搜索常应用于类似围棋这类博弈树规模庞大的回合制博弈游戏。

MCTS 算法的核心解决思想可归纳为基于树模型搜索的方式，从初始根节点开始，根据效益目标函数递归选择子节点，直至达到终结状态或者未完全扩展的

节点。将之前尚未访问过的状态节点添加到树模型，该过程表示从当前状态执行动作后达到新状态，称为树策略阶段。然后，对新添加的节点进行前向模拟，生成对应回报值，并将该回报值反向传播到迭代过程的选择阶段来更新节点数值信息。最后，智能体需要根据某种设计的选择机制来选取根节点的最优动作序列，可描述为四个最佳动作选择机制。

① 选择回报估值最高的子节点。
② 选择访问次数最多的子节点。
③ 选择兼顾最高回报估值和最多访问次数的子节点。
④ 选择能最大降低置信界限的子节点。

2.3.2 滚动时域演化算法

RHEA（rolling horizon evolution algorithm，滚动时域演化算法）[8] 是另一种常见的统计前向规划算法。与 MCTS 算法不同，RHEA 基于前向模型进行滚动推理规划，并且采用演化算法迭代优化目标。滚动时域只对当前时刻状态下存在有限的未来决策时进行滚动推理。该过程表示为使智能体在一个预先定义的仿真模型中前向模拟，选择最佳推演结果对应动作序列的第一个动作在实际系统中执行，然后重复演化对应动作序列，直至任务结束。

RHEA 的核心思想是，基于前向模型进行遗传优化，通常以种群的个体作为执行动作序列，通过前向模型进行前向模拟推演来评估种群中的所有个体价值。从当前状态开始，按照所有个体的基因（动作序列）顺序先后执行，直至达到结束状态或最大基因长度。然后，通过预先定义的启发式适应度函数评估每个个体能获取的收益值。最后，选择评估收益值最大个体的第一项动作作为决策动作，并在环境中执行该动作。

环境中的动作序列可描述为一个整数型且长度为 l 的向量。向量中每个整数元素的取值范围是 $(0, N]$，其中 N 表示决策任务中最多可选的动作数量。为了评估种群中每个个体（动作序列）的价值，RHEA 通过内置的前向模型，按照动作序列的顺序进行前向推理规划，得到动作序列执行完成后的对应结束状态 S。然后，根据预先设计的启发式评价函数 h 评估状态 s 的价值，并将其作为对应动作序列的环境适应值。随后通过最大化环境适应值对动作序列进行进化更新。由于启发式函数的目标是最大化任务环境得分，鼓励模型取得更多胜利，因此启发式函数 h 取值遵循以下规则。

① 胜利时，$h(s) = 1$。
② 失败时，$h(s) = 0$。
③ 其他情况下，$h(s) = \text{score}$。
其中，score 为归一化后在范围 $(0, 1)$ 任务的评价得分。

RHEA 流程如图 2.5 所示。首先，在种群中通过均匀随机初始化 P 个长度为 l 的个体，并对种群中所有初始化个体进行前向评估，得到对应的环境适应值。然后，进行一次迭代进化更新过程，根据适应度函数将适应值高的 E 个精英个体直接保留到下一代种群。最后，对种群中的所有个体进行选择、交叉、变异的操作后生成新的 P 个子代个体，通过适应度函数评估此刻的推理状态得到新子代的适应值，从中选择 $P-E$ 个新个体添加到下一个子代。若剩余迭代时间足够，则重复下一轮迭代演化，反之迭代演化过程结束。

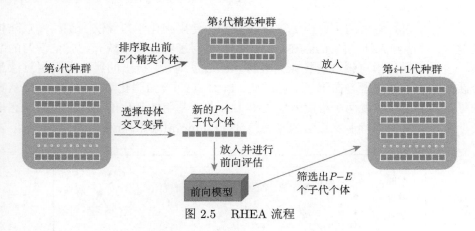

图 2.5　RHEA 流程

2.4　强 化 学 习

强化学习是一种重要的机器学习方法。它以试错的机制与环境进行交互，通过最大化累积奖赏学习 MDP 的最优策略[9]。MDP 由四个基本部分组成，即状态 s、动作 a、状态转移概率 $P_{s,s'}^{a}$ 和奖赏信号 r。强化学习中考虑的策略 $\pi: S \rightarrow A$ 被定义为从状态空间到动作空间的映射。智能体在当前状态 s 下根据策略 π 来选择动作 a，执行该动作并以概率 $P_{s,s'}^{a}$ 转移到下一状态 s'，同时接收环境反馈的奖赏 r。强化学习的目标是通过调整策略最大化累积奖赏。通常使用价值函数估计某个策略 π 的优劣程度。假设初始状态 $s_0 = s$，关于策略 π 的状态价值函数 $V^{\pi}(s)$ 可定义为

$$V^{\pi}(s) = \sum_{t=0}^{\infty} \left(\gamma^t r(s_t, a_t) | s_0 = s, a_t = \pi(s_t) \right) \tag{2.9}$$

其中，$\gamma \in (0, 1)$ 为折扣因子。

由于最优策略是最大化价值函数的策略，因此可根据式(2.10)求得最优策略，即

$$\pi^* = \arg\max_{\pi} V^{\pi}(s) \tag{2.10}$$

另一种形式的价值函数是状态动作价值函数 $Q^{\pi}(s_t, a_t)$，定义为

$$Q^{\pi}(s_t, a_t) = r(s_t, a_t) + \gamma V^{\pi}(s_{t+1}) \tag{2.11}$$

此时，最优策略可根据式 (2.12)得到，即

$$\pi^* = \arg\max_{a \in A} Q^{\pi}(s, a) \tag{2.12}$$

强化学习有悠久的研究历史。Tesayro[10] 使用强化学习算法训练西洋双陆棋智能体，并达到大师级的水准。Sutton 等[9] 撰写了第一本系统介绍强化学习的书籍，这也是强化学习领域最经典的教材。Kocsis 等[11] 提出的置信上限树算法革命性地推动了强化学习在围棋上的应用。Littman[12] 对强化学习作了综述。从算法更新的深度和宽度两个维度考虑（图 2.6）[9]，常用的强化学习算法包括动态规划、穷举搜索、蒙特卡罗算法和时间差分（temporal difference，TD）学习。

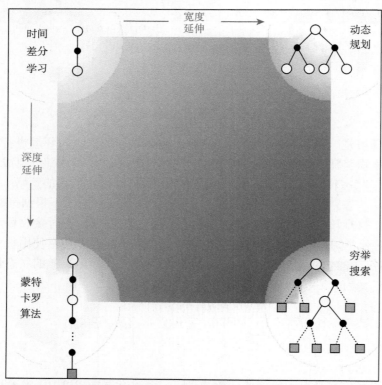

图 2.6　强化学习算法概图（从更新的深度和宽度两个维度考虑）[9]

动态规划法求解 MDP 最优解的两个经典方法是策略迭代（policy iteration，PI）与值迭代（value iteration，VI）。策略迭代包括策略评估和策略提升两个步骤，分别是在当前策略下计算每个状态对应的价值，以及根据价值更新的策略，进而重复迭代过程，直至策略收敛到最优策略。值迭代则是基于贝尔曼最优方程在当前已知的价值函数下，更新得到新的价值函数，直至迭代收敛到最优价值函数。策略迭代较适合状态空间较小的问题，但是当状态空间较大时，选用值迭代更便捷。

我们重点关注蒙特卡罗和时间差分这两种基于价值函数的强化学习算法，以及基于策略梯度的强化学习算法。

2.4.1　蒙特卡罗算法

基于价值函数的强化学习算法是利用值表或者神经网络近似逼近价值函数，再根据价值函数选择动作的方法。蒙特卡罗算法是一种以概率统计理论为指导的、典型的基于价值函数的强化学习算法。它在强化学习中的应用可以追溯到 1968 年 Michie 等[13] 用蒙特卡罗算法预测动作价值函数。此后, Barto 等[14] 讨论了蒙特卡罗算法在策略评估中的使用，并用其求解线性方程系统。通过与环境交互，从采集的样本中学习，获得关于决策过程的状态、动作和奖赏的大量数据，最后计算累积奖赏的平均值。采样越多，累积奖赏的平均值越接近真实的价值函数。因此，该方法的计算量非常大。作为一种无模型的方法，它不需要事先知道 MDP 的状态转移概率和奖赏。通过递增方式计算状态价值函数估计的方法为

$$
\begin{aligned}
V_{t+1}(s) &= \frac{1}{t+1}\sum_{j=1}^{t+1} R_j(s) \\
&= \frac{1}{t+1}\left(R_{t+1}(s) + \sum_{j=1}^{t} R_j(s)\right) \\
&= \frac{1}{t+1}\left(R_{t+1}(s) + tV_t(s)\right) \\
&= V_t(s) + \frac{1}{t+1}\left(R_{t+1}(s) - V_t(s)\right)
\end{aligned} \tag{2.13}
$$

其中，$V_t(s)$ 为 t 条轨迹下状态 s 的状态价值估计；$R_j(s)$ 为第 j 条轨迹下状态 s 的累积奖赏。

同理，通过递增方式计算状态动作价值函数估计的方法为

$$
Q_{t+1}(s,a) = \frac{1}{t+1}\sum_{j=1}^{t+1} R_j(s,a)
$$

$$= \frac{1}{t+1} \left(R_{t+1}(s,a) + \sum_{j=1}^{t} R_j(s,a) \right) \tag{2.14}$$

$$= \frac{1}{t+1} \left(R_{t+1}(s,a) + tQ_t(s,a) \right)$$

$$= Q_t(s,a) + \frac{1}{t+1} \left(R_{t+1}(s,a) - Q_t(s,a) \right)$$

其中，$Q_t(s,a)$ 为 t 条轨迹中，在状态 s 下采取动作 a 的状态动作价值估计；$R_j(s,a)$ 为第 j 条轨迹在状态 s 下采取动作 a 的累积奖赏。

2.4.2　时间差分强化学习算法

1. 时间差分学习

时间差分学习属于典型的无模型学习方法，不需要预先获取 MDP 的状态转移和奖赏函数，根据智能体的观测数据，采用自举（boot-strapped）的方式从当前的价值估计推断更准确的估计。相应的更新过程可表示为

$$V(s_t) = V(s_t) + \alpha \left(r_t + \gamma V(s_{t+1}) - V(s_t) \right) \tag{2.15}$$

其中，t 为当前时刻；α 为学习率；γ 为折扣因子；$V(s_t)$ 为 t 时刻状态 s_t 的价值估计。

时间差分学习可以在智能体采样过程的每一时刻在线更新。与之相对，蒙特卡罗算法则需要根据完整的轨迹计算得到对应回报后更新。

2. Q 学习

Q 学习是常用的价值函数强化学习算法。Watkins[15] 首次提出 Q 学习算法。该算法的主要思路是定义 Q 函数，将在线观测到的数据代入更新公式，对 Q 函数进行迭代学习，逼近最优解，即

$$\begin{cases} Q_{t+1}(s_t, a_t) = Q_t(s_t, a_t) + \alpha_t \delta_t \\ \delta_t = r_{t+1} + \gamma \max_{a'} Q_t(s_{t+1}, a') - Q_t(s_t, a_t) \end{cases} \tag{2.16}$$

其中，t 为当前时刻；α_t 为对应时刻下的学习率；δ_t 为时间差分误差；a' 为状态 s_{t+1} 下能够执行的动作。

Q 学习是一种异策略算法。异策略算法根据某一策略产生的数据去学习另一策略对应的价值函数。与之相对，同策略（on-policy）算法产生数据的策略和要学习价值函数的策略是完全相同的。Q 学习要学习的是最优价值函数，但实际的在线动作是由具有一定探索性的策略产生的。

3. Sarsa 学习

另一种与 Q 学习类似的算法是 Rummery 等[16] 提出的 Sarsa 学习。其时间差分误差定义为

$$\delta_t = r_{t+1} + \gamma Q_t(s_{t+1}, a_{t+1}) - Q_t(s_t, a_t) \tag{2.17}$$

Sarsa 学习是一种同策略的学习算法。Q 函数对应的策略等同于产生在线动作的策略。Sarsa 学习更新 Q 函数时需要用到 (s, a, r, s', a') 这五部分，它们构成该算法的名字。在一定条件下，Sarsa 学习可以在时间趋于无穷时得到最优策略。

4. TD(λ) 与资格迹

Q 学习和 Sarsa 学习都是借助时间差分误差来更新价值函数，它们都采用时间差分学习方式。时间差分学习涉及时间信誉分配问题，即对于不同时刻的动作，应该为其分配多少时间差分误差来更新价值函数。为此，Sutton[17] 提出 TD(λ) 算法，并利用资格迹解决时间信誉分配问题。TD(λ) 建立了蒙特卡罗和时间差分学习的统一框架。当采集到的样本轨迹在 T 时刻终止时，TD(λ) 的数学形式定义为

$$V(s_t) = V(s_t) + \alpha \left(G_t^\lambda - V(s_t) \right) G_t^\lambda = (1-\lambda) \sum_{n=1}^{T-t-1} \lambda^{n-1} G_t^{(n)} + \lambda^{T-t-1} G_t \tag{2.18}$$

其中，G_t^λ 为 t 时刻下对应权重 λ 的回报值；$G_t^{(n)}$ 为 t 时刻下对应第 n 步的回报值。

当 λ 在 0~1 取不同值时，TD(λ) 可以转换为不同的方法，$\lambda = 1$ 时 TD(λ) 变成蒙特卡罗算法，$\lambda = 0$ 时 TD(λ) 变成时间差分学习算法。TD(λ) 对应的时间差分学习过程可表示为

$$Q_{t+1}(s_t, a_t) = Q_t(s_t, a_t) + \alpha \delta_t e_t(s) \tag{2.19}$$

其中，$e_t(s)$ 为资格迹，$s = s_t$ 时，$e_t+1(s) = e_t(s)+1$；其他情况时，$e_t+1(s) = e_t(s)$。

资格迹表示出现一次强化学习信号时，需要对每个状态更新的重要程度。通常强化学习信号指的是每个时刻单步下的时间差分误差，所有状态的价值变化量等于时间差分误差乘以对应的资格迹。

2.4.3　策略梯度学习算法

策略梯度学习算法是一种直接逼近策略、优化策略，最终得到最优策略的算法[18]。策略梯度的优化目标是关于策略参数 θ 的函数。策略梯度算法采用梯度上升方法调整权重参数 θ，从而找到对应优化目标的局部最大点。策略梯度的数学形式可定义为

$$\Delta \theta = \alpha \nabla_\theta J(\theta) \tag{2.20}$$

其中，α 为更新步长；$J(\theta)$ 为优化目标。

策略梯度算法成功的关键是找到稳定的梯度更新量。常用的策略梯度学习算法如下。

① REINFORCE 算法，也称蒙特卡罗策略梯度算法，根据采样得到当前时刻的回报 $G_t = \sum_{t'=t}^{T-1} \gamma^{t'-t} r_{t'+1}$，计算当前策略对应的策略梯度，通常对策略评估函数 π_θ 取对数形式。更新过程可表示为

$$\Delta\theta = \Delta\theta + \alpha G_t \nabla_\theta \log \pi_\theta(s_t, a_t) \tag{2.21}$$

当更新过程达到一定迭代次数或策略无明显提升，算法更新过程结束。

② 确定策略梯度（deterministic policy gradient, DPG）算法，考虑确定性策略，是使动作在特定状态下以概率 1 被执行，而不是像随机策略使动作以某一概率被执行。Silver 等[19] 提出一种 DPG 估计方法，可以有效解决高维动作空间决策问题。假设需要逼近的策略是 π_θ，而且该策略对参数 θ 可导。定义目标函数为

$$J(\pi_\theta) = E\left(\sum_{t=1}^{\infty} \gamma^{t-1} r_t | s_0, \pi_\theta\right) \tag{2.22}$$

相应状态-动作价值函数可表示为

$$Q^{\pi_\theta}(s, a) = E\left(\sum_{k=1}^{\infty} \gamma^{k-1} r_{t+k} | s_t = s, a_t = a, \pi_\theta\right) \tag{2.23}$$

假设从初始状态 s_0 开始，依据策略 π_θ 选取动作的状态分布为

$$d^{\pi_\theta}(s) = \sum_{t=0}^{\infty} \gamma^t P(s_t = s | s_0, \pi_\theta) \tag{2.24}$$

对于任意的 MDP，策略梯度为

$$\nabla_\theta J(\pi_\theta) = \sum_s d^{\pi_\theta}(s) \sum_a \nabla_a Q(s, a) \nabla_\theta \pi_\theta(s, a) \tag{2.25}$$

③ 执行器-评价器（actor-critic，AC）算法，Actor 表示策略，用于动作选取，Critic 用于对应的价值函数估计。执行器-评价器算法在原有 REINFORCE 算法的基础上，通过引入独立的 Critic 评估当前 Actor 的表现，可有效降低基于回报计算带来的策略梯度方差。Critic 通常使用 Q 函数或状态价值函数表示。假设 Q 函数表示 Critic，对应的策略梯度更新形式可表示为

$$\nabla_\theta J(\theta) = E_{\pi_\theta}\left(Q_{\pi_\theta}(s, a) \nabla_\theta \log \pi_\theta(s, a)\right) \tag{2.26}$$

由于 Actor 的策略梯度是根据 Critic 对当前 Actor 的策略价值评估所得的，因此 Critic 部分的优化学习率需要比 Actor 部分的优化学习率大一些，目的是使 Critic 加快训练收敛速度，提高 Actor 的优化方向准确性。

2.5　深度强化学习

深度强化学习结合了深度神经网络和强化学习各自的优势，可用于解决智能体在复杂高维状态空间中的感知决策问题。在不同的游戏中，如棋类游戏 [1,2] 和视频游戏 [20,21] 等，深度强化学习已经取得突破性进展。用于游戏智能决策的深度强化学习方法流程图如图 2.7 所示。深度神经网络从游戏环境中自动提取高水平特征，并作为智能体的输入。智能体利用这些特征信息，根据策略选择动作作用于环境，得到及时奖赏，并使游戏场景转移到下一状态。在这个过程中，智能体会不断优化自身的行为。深度强化学习研究历程如表 2.1 所示。限于篇幅，Alpha 系列算法将在第 3 章介绍。

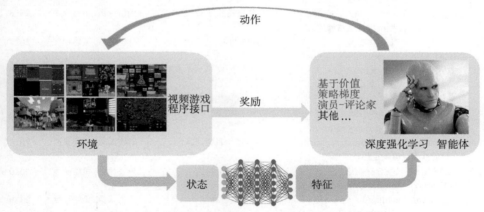

图 2.7　用于游戏智能决策的深度强化学习方法流程图

表 2.1　深度强化学习研究历程

算法	主要技术	算法类别	年份
DQN [22]	经验回放、目标 Q 网络	价值函数	2015
Double-DQN [23]	双重 Q 学习	价值函数	2016
Dueling-DQN [24]	优势函数评估	价值函数	2016
PER-DQN	优先级经验回放	价值函数	2016
Soft DQN（软更新 DQN）	KL 散度惩罚和熵激励	价值函数	2017
Rainbow [25]	融合多种技巧	价值函数	2018
RUDDER [26]（延迟奖赏分解）	回报分解	价值函数	2018
QR-DQN [27]	分位数回归	价值函数	2018
IQ-DQN [28]	回报分布的潜在表征	价值函数	2018

算法	主要技术	算法类别	年份
Pareto-DQN[29]（帕累托 DQN）	多目标	价值函数	2019
AVF[30]（adversarial value function，对抗价值函数）	空间几何	价值函数	2019
BCQ[31]（batch constrained Deep Q-learning，批约束 Q 学习）	批约束	价值函数	2019
MB-DQN（多元自举 DQN）	多元自举	价值函数	2020
NROWAN-DQN[32]（稳定降噪 DQN）	稳定降噪	价值函数	2022
Multi-DQN[33]（集成 DQN）	融合集成学习	价值函数	2021
A3C[34]（asynchronous advantage actor-critic，异步优势执行器-评价器）	异步多线程	价值函数/策略梯度	2016
PPO	目标函数截断、自适应 KL 散度惩罚因子	价值函数/策略梯度	2017
UNREAL[35]	非监督辅助任务	价值函数/策略梯度	2017
Reactor[36]	Retrace(λ)、β-留一法策略梯度估计	价值函数/策略梯度	2017
PAAC[37]（parallel advantage actor critic，并行优势执行器-评价器）	A3C 并行结构	价值函数/策略梯度	2017
D4PG[38]（distributed distributional deep deterministic policy gradent，分布式分类深度确定性策略梯度）	分布式分位 DDPG	价值函数/策略梯度	2018
PGQ[39]（策略梯度 Q 学习）	策略梯度和 Q 学习结合	价值函数/策略梯度	2017
IMPALA[40]（impotance-weighted actorleavnor architecture，重要性加权执行器学习架构）	重要性加权 Actor 结构	价值函数/策略梯度	2018
Ape-X DQN/DPG[41]	分布式优先级经验回放	价值函数/策略梯度	2018
SAC[42]（软更新执行器-评价器）	熵正则化	价值函数/策略梯度	2018
TD3[43]（twined delayed deep deterministic policy gradient algorithm，双重延迟深度确定性策略梯度）	多个目标网络	价值函数/策略梯度	2018
VIREL[44]（变分推断强化学习）	变分推断	价值函数/策略梯度	2019
LTMLE[45]（longitudinal targeted maximum likelihood estimator，纵向目标最大似然估计）	双鲁棒估计	价值函数/策略梯度	2019
SD3[46]（softmax deep double deterministic policy gradients，深度双重确定性策略梯度）	TD3+Softmax	价值函数/策略梯度	2020
PPG[47]（phasic policy gradient，阶段性策略梯度）	独立价值函数网络和策略网络，知识蒸馏	价值函数/策略梯度	2020

2.5.1　深度 Q 网络及其扩展

2015 年，DeepMind 团队提出 DQN[22]。DQN 创新性地将深度卷积神经网络和 Q 学习结合到一起，在雅达利游戏上达到人类玩家的控制效果。通过经验回放和目标网络（target network），DQN 可以有效解决使用神经网络非线性函数逼近器带来的不稳定和发散性问题，极大地提升强化学习的适用性。经验回放可以增加历史数据的利用率，随机采样会打破数据间的相关性，与目标网络的结合可以进一步稳定状态动作价值函数的训练过程。此外，通过截断奖赏和正则化网络参数，可将梯度限制在合适的范围内，得到更加鲁棒的训练过程。DQN 将游戏的原始图像作为输入，不依赖人工提取特征，是一种端到端的学习方式。DQN 结构如图 2.8 所示。

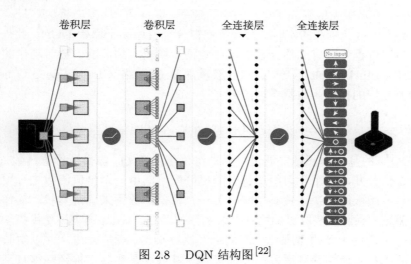

图 2.8   DQN 结构图[22]

DQN 训练的过程使用相邻的四帧游戏画面作为输入，经过三层卷积和两层全连接，输出当前状态下可选动作的状态动作值，实现端到端的学习控制。DQN 采用卷积神经网络（convolutional neural network，CNN）作为函数逼近器，并定期从经验回放池采样历史数据，更新网络参数，即

$$\theta \leftarrow \theta + \alpha_{(s,a,r,s')} \left[\left(r + \gamma \max_{a'} Q(s', a'; \theta^-) - Q(s, a; \theta) \right) \nabla_\theta Q(s, a; \theta) \right] \quad (2.27)$$

其中，r 为奖赏；γ 为折扣因子；θ 为 Q 网络的参数；θ^- 为目标网络的参数。

作为深度强化学习领域的开创性工作，DQN 受到众多研究团队的关注。研究人员提出很多改进工作。DQN 使用的经验回放技术没有考虑历史数据的重要程度，而是同等频率地回放。Schaul 等提出一种带优先级经验回放的 DQN，将原来的样本经验池均匀采样回放机制替换为一种使数据具有不同优先级属性的经验回放方法，采样回放数据的优先级可与样本奖赏值或优化误差值相关。以时间差分误差为例对应的形式为

$$p_t \propto \left| r_t + \gamma \max_{a_{t+1} \in A} Q_{\theta^-}(s_{t+1}, a_{t+1}) - Q_\theta(s_t, a_t) \right| \quad (2.28)$$

其中，p_t 为对应 t 样本被采样的概率分布，正比于 Q 函数形式下的时间差分误差值；Q_{θ^-} 为目标 Q 网络估计值。

优先级经验回放对经验进行优先次序的处理，通过增加重要历史数据的回放频率来提高学习效果，同时加快学习进程。

DQN 的另一个不足是训练时间过长。Nair 等提出大规模分布式的通用强化学习架构，可以极大地提高 DQN 的学习速率。Guo 等[48] 提出将 MCTS 与 DQN 结合，实现雅达利游戏的实时处理，游戏得分也普遍高于原始 DQN。此外，Q 学习由于学习过程中固有的估计误差，在数据规模较大的情况下会对动作的值产生过高估计。van Hasselt 等[23] 提出的双重深度 Q 网络（double deep Q network，DDQN）对应的损失函数数学形式为

$$L(\theta) = E_{(s,a,r,s') \in D}(r + \gamma Q_{\theta^-}(s', \arg\max_{a' \in A} Q_{\theta}(s', a')) - Q_{\theta}(s, a)) \tag{2.29}$$

DDQN 的基本思想是，通过使用训练价值函数 Q_{θ} 与目标价值函数 Q_{θ^-}，将选择与评估分开，每个学习经历都会随机分配给其中一个价值函数进行更新，其中一个价值函数用来决定贪心策略，另一个价值函数用来确定其状态动作值，可有效避免过高估计，获取更加稳定有效的学习策略。Wang 等[24] 受优势学习的启发提出一种适用于无模型强化学习的神经网络架构-竞争架构，并以实验证明竞争架构的 DQN 能够获取更好的评估策略。其核心是在共享神经网络特征层的基础上设计两个输出头。两个输出头分别对应状态评估 $V(s)$ 及每个动作的优势评估 $A(s,a)$。由于优势评估 $A(s,a) = Q(s,a) - V(s)$，因此将状态评估与优势评估融合得到对应状态价值函数 $Q(s,a)$，即

$$Q(s,a) = V(s) + A(s,a) - \frac{\sum\limits_{a' \in A} A(s,a')}{|A|} \tag{2.30}$$

探索和利用问题一直是强化学习中的主要问题。复杂环境中的高效探索策略对深度强化学习的学习结果有深远的影响。Osband 等[49] 提出一种自举 DQN，通过使用随机价值函数让探索的效率和速度得到显著地提升。Mnih 等[34] 提出异步深度强化学习算法，可以在多核 CPU（central processing unit，中央处理器）上极大地提升训练速度。这些工作都在不同程度上改进了 DQN 的性能。

此后，研究人员又陆续提出一些 DQN 的重要扩展，继续完善 DQN 算法。Anschel 等[50] 提出平均 DQN，通过取状态动作值的期望来降低目标价值函数的方差，改善深度强化学习算法的不稳定性。实验结果表明，平均 DQN 在雅达利测试平台上的效果要优于 DQN 和 DDQN。He 等[51] 在 DQN 的基础上提出一种约束优化方法来保证策略最优和鼓励回报快速传播。这种方法可以极大地提高

DQN 的训练速度，在雅达利平台经过一天的训练就能达到 DQN 和 DDQN 经过十天训练的效果。深度强化学习中参数的噪声可以帮助算法更有效地探索周围的环境，加入参数噪声的训练方法可以大幅提升模型的效果，更快地教会智能体执行任务。噪声 DQN 在动作空间中借助噪声注入进行探索，结果表明带有参数噪声的深度强化学习比分别带有动作空间参数和进化策略的强化学习效率更高[52]。Rainbow 算法将各类 DQN 算法的优势集成在一起，取得当时最优的性能，成为 DQN 算法的集大成者[25]。最小二乘（least squares，LS）DQN 在传统 DQN 的基础上结合了线性最小二乘更新方式，带来更稳定的效果[53]。将 DQN 与人类示例进行结合的深度示例 Q 学习，可以极大地提升样本利用率，加速学习速率[54]。soft-DQN 将 Q 学习与自然策略梯度关联，证明熵正则化下的 Q 学习同样具有优秀的性能表现。深度质量评价网络在值网络的基础上训练一个质量评价网络来估计状态动作值。这种方法可以显著提高学习效率。RUDDER 是一种适用于有限 MDP 的新型强化学习方法，采用收益分解的方式解决延迟奖赏问题[26]。Ape-X DQfD 通过一种新的贝尔曼操作处理不同密度和幅度的回报，以及使用人类示例鼓励智能体向高回报状态探索。Ape-X DQN 通过分布式架构共享经验回放提升训练的效率。动作空间分解表征（factored action space representation，FAR）通过深度强化学习将控制策略分解为多个独立的部分，使智能体在学习多个动作的同时只执行一个动作[41]。

与传统深度强化学习算法中选取累积奖赏的期望不同，分类 DQN（categorical DQN）将奖赏看作一个近似分布，使用贝尔曼等式学习这个近似分布。分类 DQN 算法在雅达利游戏上的平均性能表现要优于大部分基准算法[55]。分位数回归 DQN 对分类 DQN 作了进一步改进，同策略评估下贝尔曼算子多轮迭代后能够收敛，联合投影算子后也能在 Wasserstein 距离度量下收敛[27]。内在分位数网络 IQ-DQN 通过调节神经网络的容量决定对于分布的拟合精度，理论上能够以任意精度拟合价值函数的分布，获得更快的学习速度和更好的样本利用率，从而产生特定的风险偏好[28]。针对多目标马尔可夫决策优化问题，Reymond 等[29] 提出 Pareto-DQN 为该类问题寻找接近最优的帕累托前沿解。Bellemare 等[30] 提出的 AVF 从几何的视角分析策略到价值函数的映射关系，并利用相关的分析对给定的 MDP 问题学习一个表征，使得对于任意的策略，学习到的表征在简单的线性映射下对于价值函数的逼近误差都不会太大。Fujimoto 等[31] 提出的 BCQ 在异策略算法的基础上加上批约束的限制来避免外延误差。Han 等[32] 提出 NROWAN-DQN（noise reduction and online weight adjustment DQN）方法，设计了一种稳定降噪、可在线权重调整的噪声网络，与 DQN 进行结合，使智能体探索到更有效的决策动作。此外，还有一些学者致力于将集成学习与 DQN 相结合，使智能体能够学到更加泛化的性能，如 MB-DQN 和 Multi-DQN [33]。

2.5.2　异步优势执行器-评价器算法及其扩展

深度强化学习领域的另一个重要算法是 A3C 算法[34]。与 DQN 采用 Q 学习不同，A3C 算法采用执行-评价这一强化学习算法。执行器-评价器是一个时间差分方法，评价器给出状态 s_t 下价值函数的估计 $Q(s_t, a_t; \theta_Q)$，对状态的好坏进行评价，而执行器根据状态输出策略 $\pi(a_t|s_t; \theta_\pi)$ 以概率分布的方式输出。A3C 算法使用多步的回报更新策略和价值函数。每经过 $t_{\max}$ 步或者达到一个终止状态进行更新。A3C 算法在动作值 Q 的基础上，使用优势函数作为动作的评价。优势 A 是指动作 a 在状态 s 下相对其他动作的优势。采用优势 A 来评估动作更为准确。更新过程的具体形式为

$$
\begin{cases}
\Delta\theta_\pi = \nabla_{\theta_\pi} \log \pi(a_t|s_t; \theta_\pi) A(s_t, a_t; \theta_Q, \theta_{Q'}) \\
A(s_t, a_t; \theta_Q, \theta_{Q'}) = R_t - Q(s_t, a_t; \theta_Q) \\
R_t = \sum_{i=0}^{k-1} \gamma^i r_{t+i} + \gamma^k Q(s_{t+k}, a_{t+k}; \theta_{Q'})
\end{cases}
\tag{2.31}
$$

其中，θ_π 为策略模型参数；$A(s_t, a_t; \theta_Q, \theta_{Q'})$ 为优势函数的评估；θ_Q 与 $\theta_{Q'}$ 为更新价值模型参数与目标价值模型参数；R_t 为多步更新目标。

A3C 算法中非输出层的参数可以采取共享或非共享方式（这里采用非共享形式描述），然后通过一个指数归一化函数输出策略分布 π，与一个线性网络输出价值函数 Q。另外，A3C 算法还将策略 π 的熵加入损失函数来鼓励探索，防止模型陷入局部最优。策略网络参数 θ 的更新公式为

$$
\mathrm{d}\theta_\pi \leftarrow \mathrm{d}\theta_\pi + \nabla_{\theta_\pi} \log \pi(a_t|s_t; \theta_\pi)(R_t - Q(s_t, a_t; \theta_Q)) + \beta \nabla_{\theta_\pi} H(\pi(s_t; \theta_\pi)) \tag{2.32}
$$

其中，H 为熵；β 为熵的正则化系数。

价值网络参数 θ_Q 的更新公式为

$$
\mathrm{d}\theta_Q \leftarrow \mathrm{d}\theta_Q + (R - Q)\nabla_\theta Q \tag{2.33}
$$

A3C 算法为了提升训练速度采用异步训练的思想，同时启动多个训练环境进行采样，并直接使用采集的样本进行训练，如图 2.9 所示。相比 DQN 算法，A3C 算法不需要使用经验池存储历史样本，可以节约存储空间，加快数据的采样速度，提升训练速度。与此同时，采用多个不同训练环境采集样本，样本的分布也更加均匀，更有利于神经网络的训练。A3C 算法在以上多个环节上作出改进，使其在雅达利游戏上的平均成绩是 DQN 算法的 4 倍，取得巨大的提升，并且训练速度也成倍提高。

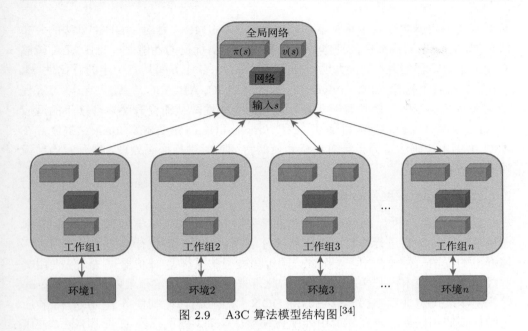

图 2.9　A3C 算法模型结构图[34]

A3C 算法由于其优秀的性能，很快成为深度强化学习领域新的基准算法。传统 A3C 算法使用 CPU 的多线程进行异步训练，没有充分利用图形处理器 (graphics processing unit, GPU) 的并行计算能力。Babaeizadeh 等[56] 提出基于 CPU 和 GPU 混合架构的 GPU-A3C(GA3C)，通过引入一种队列系统和动态调度策略，GA3C 能有效利用 GPU 的计算能力，大幅提升原始 A3C 算法的训练速度。Jaderberg 等[35] 在 A3C 算法的基础上作了进一步扩展，提出非监督强化辅助学习 (unsupervised reinforcement and auxiliary learning, UNREAL) 算法。UNREAL 算法在训练 A3C 算法的同时，通过训练多个辅助任务来改进算法。多个辅助任务同时训练一个 A3C 算法网络，可以加快学习的速度，并进一步提升性能。它包含两类辅助任务，一类是控制任务，包括像素控制和隐含层激活控制，另一类是回馈预测任务。UNREAL 算法还使用历史信息额外增加值迭代任务，即 DQN 的更新方法，进一步提升算法的训练速度。UNREAL 算法本质上是通过训练多个面向同一个最终目标的任务来提升动作网络的表达能力和水平。这样可以提升深度强化学习的数据利用率，在 A3C 算法的基础上对性能和速度进行提升。Wang 等进一步提出堆栈 LSTM-A3C 算法，通过与元强化学习的结合，在不同任务间拥有良好的泛化能力。Retrace(λ) 基于执行器-评价器结构，结合重要性采样、异策略 $Q(\lambda)$ 等方法，展现出低方差和高效率[57]。Reactor 基于异策略多步回报执行器-评价器结构，使用 Retrace 算法训练评价器，β-留一法策略梯度估计训练执行器，可以大幅提升学习效率[36]。PAAC 是一种适用于并行深度强化学习算法的新型架构，它能实现多个执行器的高效训练[37]。D4PG 是对 DDPG 算法的分布式扩展，在一系列挑战性的连续控制任务中表现出优良的性能[38]。IMPALA 能够实现上千台机器的并行，极大地提升学习效率，在多任务间具有一定的泛化性[40]。Gu 等提出对手鲁棒 A3C（adversary robust A3C，AR-A3C）算法，在学习过程中引入对抗智能体，使其对干扰具有更强的鲁棒性，从而提升噪声环境下的适应性。Itaya 等[58] 提出掩码注意力 A3C（mask-attention A3C，mask A3C），在A3C 中引入掩码注意力机制对策略和值的特征映射进行掩码处理，提升对当前策略的评估能力。

2.5.3　策略梯度深度强化学习

目前，大部分执行器-评价器算法都是采用同策略的强化学习算法。这意味着，无论使用何种策略进行学习，评价器部分都需要根据当前执行器的输出作用于环境产生的反馈信号才能学习。因此，同策略类型的执行器-评价器算法无法使用类似经验回放的技术提升学习效率，也由此带来训练的不稳定和难以收敛。Lillicrap 等提出深度确定性策略梯度算法，将 DQN 算法在离散控制任务上的成功经验应用到连续控制任务的研究。DDPG 是无模型、异策略的执行器-评价器算法，使用深度神经网络作为逼近器，将深度学习和确定性策略梯度算法有效地结合在一起。DDPG 源于确定性策略梯度算法。确定性策略记为 $\pi_\theta(s)$，表示状态 s 和动作 a在参数 θ 的策略作用下得到状态到动作的映射。由于确定性策略的梯度分布是有界的，随着迭代次数的增长，随机性策略梯度分布的方差会趋于 0，进而得到确定性策略。将随机性与确定性策略梯度作为比较，SPG（stochastic policy gradient，随机梯度策略）算法需要同时考虑状态和动作空间，然而 DPG 算法只需要考虑状态空间。这使得 DPG 算法的学习效率要优于 SPG 算法，尤其是在动作空间的维度较高时，DPG 算法的优势更为明显。

DDPG 是在 DPG 的基础上结合执行器-评价器算法扩展而来的。该算法充分借鉴了 DQN 的成功经验，即经验回放技术和固定 Q 网络，将这两种技术成功移植到策略梯度的训练方法中。DDPG 中的执行器输出 $\pi_\theta(s)$ 和评价器输出 $Q_w(s,a)$ 都是由深度神经网络逼近所得。Critic 部分的参数更新方法和 DQN 类似，而 Actor 部分的参数更新则是通过 DPG 算法得到，即

$$\theta \leftarrow \theta + \alpha \mathbb{E}_{\pi'} \left[\nabla_a Q_w(s,a)|_{s=s_t, a=\pi_\theta(s_t)} \nabla_\theta \pi_\theta(s)|_{s=s_t} \right] \tag{2.34}$$

式 (2.34) 的期望值通过使用相应的行为策略采样得到。在更新过程中，DDPG 采用经验回放技术，使用探索策略从环境中采样状态转移样本，将样本储存到记忆池，每次更新时从记忆池中均匀采样小批量样本。由于 DDPG 应用于连续控制的任务，因此相比 DQN 的固定 Q 网络，DDPG 固定 Q 网络的更新方法要更加

平滑。不同于 DQN 直接将训练网络权值复制到目标网络中，DDPG 采用类似惯性更新的思想对目标网络参数进行更新，即

$$
\begin{cases}
\theta' = \tau\theta + (1-\tau)\theta' \\
w' = \tau w + (1-\tau)w'
\end{cases}
\tag{2.35}
$$

探索策略 π' 在确定性策略 π_θ 的基础上添加噪声过程 N 得到，具体形式为 $\pi'(s) = \pi_\theta(s) + N$。因此，在保证策略搜索稳定的前提下，增加对未知区域的探索，可以避免陷入局部最优的情形。

基于策略的强化学习算法需要有好的策略梯度评价器，因此必须根据对应的策略参数得到相应期望回报的梯度。但是，大多数的策略梯度算法都难以选择合适的梯度更新步长，因此实际情况下评价器的训练常处于振荡不稳定的状态。Schulman 等[59] 提出可信域策略优化（trust region policy optimization, TRPO）训练随机策略模型，保证策略优化过程稳定提升，同时证明期望回报呈单调性增长。TRPO 采用基于库尔贝克-莱布勒（Kullback-Leibler, KL）散度的启发式逼近器对 KL 散度的取值范围进行限制，替换此前的惩罚项因子，并在此基础上使用蒙特卡罗模拟的方法作用在目标函数和约束域上，TRPO 中策略 π 的更新公式为

$$
\begin{aligned}
&\max_\theta L_{\theta'}(\theta) \\
&\text{s.t.} \quad \bar{D}_{\mathrm{KL}}(\pi_{\theta'} \| \pi_\theta) \leqslant \delta
\end{aligned}
\tag{2.36}
$$

其中，策略 $\pi_{\theta'}$ 为优化前的策略函数；$\bar{D}_{\mathrm{KL}}(P,Q)$ 表示两个分布之间的平均 KL 散度。

TRPO 在每步的更新过程中必须满足 KL 散度的约束条件，一般通过线性搜索实现。使用线性搜索的原因是，该方法可以在训练过程中避免产生较大更新步长，影响模型的训练稳定性。由于深度神经网络通常需要优化大量参数，TRPO 算法使用共轭梯度算法计算自然梯度方向，避免运算矩阵求逆的过程，使算法在深度学习领域的应用复杂度降低。相比于价值函数算法，传统策略梯度算法的实现和调参过程都比较复杂。Schulman 等提出的 PPO 算法可以简化实现过程和调参方法，在性能上要优于现阶段其他策略梯度算法。PPO 主要使用随机梯度上升，对策略采用多步更新的方法，和 TRPO 一样以可信域算法为基础，以策略梯度算法作为目标更新算法。PPO 相比 TRPO 只使用一阶优化算法，并对代理目标函数简单限定约束，实现过程更为简便但是性能更优，即

$$
\begin{cases}
r_t(\theta) = \dfrac{\pi_\theta(a_t|s_t)}{\pi_{\theta_{\mathrm{old}}}(a_t|s_t)} \\[2mm]
L(\theta) = \hat{\mathbb{E}}_t[\min(r_t(\theta)\hat{A}_t, \mathrm{clip}(r_t(\theta), 1-\epsilon, 1+\epsilon)\hat{A}_t]
\end{cases}
\tag{2.37}
$$

其中，$r_t(\theta)$ 为概率比值；$\text{clip}(x, a, b)$ 为截断函数，将 x 截断在 a 和 b 之间；ϵ 为约束程度。

如图 2.10 所示，$\text{clip}(r_t(\theta), 1-\epsilon, 1+\epsilon)$ 会把 $r_t(\theta)$ 限制在 $[1-\epsilon, 1+\epsilon]$。当优势函数 $\hat{A}_t > 0$ 时，说明此时的策略更好，要加大优化力度，但是当 $r_t(\theta) > 1+\epsilon$ 时会将其截断为 $1+\epsilon$，最小化操作会选择 $(1+\epsilon)\hat{A}_t$，防止其过度优化。当优势函数 $\hat{A}_t < 0$ 时，说明此时策略更差，要减小其优化力度，即选择更小的 $r_t(\theta)$，当 $r_t(\theta) < 1-\epsilon$ 时虽然会将其截断到 $1-\epsilon$，最小化操作会选择更小的 $(1-\epsilon)\hat{A}_t$，即在任何情况下都要防止优化过激。

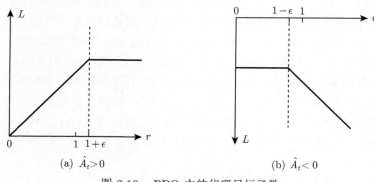

图 2.10   PPO 中的代理目标函数

Fellows 等[44] 提出一种新的、基于理论的强化学习概率推理框架，利用变分期望最大化算法和参数化形式的动作价值函数捕获潜在 MDP 的未来动态。Fujimoto 等[43] 提出的双重延迟深度确定性策略梯度算法 TD3 还是沿用 DDQN 之前的思想，使用两个独立的评价器来防止过估计（overestimation）。为了防止高方差，又在其基础上提出截断，以及延迟策略更新的思想。Pan 等[46] 提出 Softmax 深度双重确定性策略梯度 SD3，在 TD3 的基础上通过构建有助于平滑优化环境的 Softmax 运算符，可以有效地改善过高估计和低估偏差。Haarnoja 等[42] 提出的软更新执行器-评价器（soft actor-critic）是一种最大熵的异策略算法，同时最大化奖赏目标和策略的熵，以提高算法的探索性和鲁棒性。

同策略的强化学习算法在样本复杂度较高时，难以选择合适的高维函数进行逼近，这会严重限制算法的应用。Gu 等[60] 提出标准化优势函数，将具有经验回放机制的 Q 学习算法应用到连续控制任务，并成功应用到机器人仿真控制问题，将原本只能执行离散任务的 Q 学习扩展到连续任务。Wu 等[61] 基于执行器-评价器算法提出使用克罗内克因式分解的信赖域执行器-评价器 (actor-critic using Kronecker-factored trust region, ACKTR) 算法。ACKTR 使用克罗内克因子分解，结合可信域自然梯度法逼近可信域曲线进行学习。该算法可完

成离散和连续两类控制任务。与之前的同策略执行器-评价器算法比较,ACKTR
算法的平均样本效率可提升 2~3 倍。Wang 等[62] 汲取其他深度强化学习算法
的优势,提出带经验回放的执行器-评价器 (actor-critic with experience replay,
ACER) 算法。ACER 算法采用随机竞争型网络,根据偏差相关性进行采样,并
使用高效的可信域策略优化方法,提升算法性能。Bibaut 等[45] 提出 LTMLE,
基于目标极大似然估计原理,通过引入新的双鲁棒估计器来解决强化学习中的
异策略估计问题。

同策略和异策略都有各自的优势,两者结合也是深度强化学习的一个主要方
向。O'Donoghue 等[39] 提出结合同策略和异策略强化学习的策略梯度 Q 学习
(policy gradient Q learning, PGQ),从而更好地利用历史经验数据。PGQ 算法
基于价值函数的估计,组合了熵正则化的策略梯度更新和 Q 学习方法,在雅达利
游戏上的效果优于 DQN 和 A3C 算法。Nachum 等[63] 分析了 Softmax 时序一致
性的概念,概括了贝尔曼方程一致性在异策略 Q 学习中的应用,提出路径一致性
学习 (path consistency learning, PCL) 算法。PCL 算法在基于价值函数和基于策
略的强化学习之间建立了一种新的联系,在基准测试上超过 A3C 算法和 DQN。
无模型深度强化学习算法在很多模拟仿真环境中取得成功,但是由于巨大的采样
复杂度难以应用于现实世界。Gu 等[64] 提出 Q-Prop 算法,结合同策略的稳定性
和异策略的采样效率来提高深度强化学习算法性能。Q-Prop 比 TRPO 和 DDPG
具有更高的稳定性和采样效率。Cobbe 等[47] 提出的 PPG 使用独立的价值函数网
络和策略网络,使两者训练阶段互不影响,将知识蒸馏作为辅助任务,价值函数
网络的有用信息传递给策略网络。这样既能避免两者训练过程中的互相干扰,又
能共享一部分表示信息,因此 PPG 能够显著提高数据利用效率。

2.5.4 面向对抗博弈的深度强化学习

当多个智能体同时存在于环境时,它们之间的博弈对抗遵循马尔可夫博弈
(Markov game) 过程。马尔可夫博弈可由多元组 $\{S, A_1, \cdots, A_n, r_1, \cdots, r_n, f, \gamma\}$
表示,其中 n 为博弈智能体数量,S 为环境状态空间,A_i 为第 i 个智能体的动作
空间,r_i 为第 i 个智能体的奖赏,γ 为折扣因子,状态转移函数 f 可表示为

$$f : S \times A \times S' \rightarrow [0, 1]$$

即在联合动作 $a \in A$ 的作用下,由当前状态 $s \in S$ 转移到下一个状态 $s \in S'$ 的
概率分布。

对应的每个智能体的奖赏函数为

$$r_i : S \times A \times S' \rightarrow r, \quad i = 1, 2, \cdots, n$$

由多智能体的联合策略 π 得到的累积期望回报可以表示为

$$R_i^{\pi}(s) = E\left(\sum_{k=0}^{\infty} \gamma^k r_{i,k+1} \big| s_0 = s, \pi\right)$$

本书针对对抗环境下的策略博弈，围绕对抗型博弈式深度强化学习算法展开介绍，相关算法可分为极小化极大型、自我博弈型，以及对手建模型。

极小化极大的思想是假设对手具有完美决策能力，因此智能体的优化目标是最小化对手带来的最坏情况所产生的亏损。Littman[65] 给出了在马尔可夫博弈过程中的联合动作智能体强化学习的收敛性结论，即在零和博弈下，智能体面对任何对手都能采取最佳策略应对。Littman[66] 还提出 Minimax Q 学习，成功解决了两人零和马尔可夫博弈问题。在给定状态 s 时，第 i 个智能体的状态价值函数为

$$V_i^*(s) = \max_{\pi_i(s)} \min_{a_{-i} \in A_{-i}} \sum_{a_i \in A_i} Q_i^*(s, a_i, a_{-i}) \pi_i(s, a_i), \quad i = 1, 2$$

其中，$-i$ 为智能体 i 的对手；$Q_i^*(s, a_i, a_{-i})$ 为纳什均衡（Nash equilibrium，NE）下的联合动作状态价值函数，采用 Q 学习的方式来逼近真实的 $Q_i(s, a_i, a_{-i})$。

Li 等[67] 将多智能体深度确定性策略梯度（multi-agent deep deterministic policy gradient, MADDPG）扩展成 MiniMax MADDPG（M3DDPG），并假设智能体之间的行为是策略博弈性质的，通过考虑最坏情况下的奖赏信号更新智能体策略。

自我博弈主要研究对称博弈问题，将我方策略作为对手策略，根据针对该策略的最佳反应（best response）来优化我方策略模型，从而提升博弈性能。Heinrich 等提出神经虚拟自我博弈（neural fictitious self-play, NFSP），在虚拟自我博弈（fictitious self-play, FSP）[68] 的基础上，使用两个深度网络近似逼近纳什均衡解，其中一个网络用来近似最佳反应，另一个网络用监督的方法模仿学习过去已有的最佳反应。最终将两个网络结合在一起输出动作行为，并且成功应用到一系列两人扑克游戏，性能表现显著优于 DQN 算法。Lanctot 等[69] 对 NFSP 作了进一步扩展，提出 PSRO (policy-space response oracles，策略空间反应先知)，使用一组元策略的混合作为虚拟博弈对象，避免策略模型过拟合至某个单一策略，并且元策略的集合由过往的（近似）最佳反应组成。针对自我博弈存在的历史策略遗忘问题，Leibo 等[70] 提出 Maltusian 强化学习，在自我博弈的基础上引入种群动态变化过程，使种群多智能体能够协同演化，避免陷入局部最优解。

对手模型的表现性能直接关系到智能体的策略博弈水平，然而一个性能优异的博弈智能体需要建立一个能够准确预估对手策略行为的对手模型。Rosman 等[71] 考虑建立对手策略库并计算对应的最佳反应，在执行阶段从对手策略库中

寻找最接近的对手策略，通过执行对应的最佳反应来最小化整体遗憾。He 等[72]提出深度强化对手网络（deep reinforcement opponent network, DRON），使用深度神经网络构造对手模型。该模型主要包含两个网络，一个网络作为状态动作值评价对手策略，另一个网络学习对手策略表征。不同于 DRON 采用人为设计特征的方式定义对手网络，Hong 等[73] 提出深度策略推理 Q 网络（deep policy inference Q-network, DPIQN），通过直接观察其他智能体的行为学习对应的策略特征，然后由辅助任务给予额外学习目标进行优化，辅助任务损失函数定义为对手策略推断与实际值的交叉熵损失。除了从观察角度构造对手模型，Raileanu 等[74] 提出 SOM（self other modeling，自身建模对手）算法，通过己方策略预测对手行为，构造两个神经网络，一个用来计算己方的策略，另一个计算对手的目标。SOM 不关注学习对手的策略分布，只评估对手的行为目标。由于算法的优化目标过于简化，样本利用率较低，使整体的训练时间较长。Yang 等[75] 引入心智理论（theory of mind, ToM）检测使用更高阶策略的对手，并能对从未见过的对手策略进行最佳反应。Tian 等[76] 将概率推断引入多智能体强化学习问题，提出一个可优化的变分下界，获得对手模型和智能体的最优策略。

2.6　本章小结

本章介绍游戏 AI 研究工作所需的预备知识和方法。以经典博弈树模型、统计前向规划、强化学习和深度强化学习为主要描述对象，介绍研究问题的模型和相关技术方法。经典博弈树模型部分主要分为极小化极大算法和 α-β 剪枝算法进行介绍。统计前向规划部分介绍了两类代表性算法，即 MCTS 算法与 RHEA。强化学习部分主要分为蒙特卡罗算法、时间差分强化学习算法和策略梯度学习算法。深度强化学习算法部分介绍深度 Q 学习算法、异步优势执行器-评价器算法、策略梯度深度强化学习和对抗博弈四类算法，以此为接下来的研究工作提供理论知识基础。

参 考 文 献

[1] 赵冬斌, 邵坤, 朱圆恒, 等. 深度强化学习综述: 兼论计算机围棋的发展. 控制理论与应用, 2016, 33(6): 701-717.

[2] 唐振韬, 邵坤, 赵冬斌, 等. 深度强化学习进展: 从 AlphaGo 到 AlphaGo Zero. 控制理论与应用, 2017, 34(12): 1529-1546.

[3] Roizen I, Pearl J. A minimax algorithm better than alpha-beta? yes and no. Artificial Intelligence, 1983, 21(1/2): 199-220.

[4] Baudet G M. An analysis of the full alpha-beta pruning algorithm //Proceedings of the 10th Annual ACM Symposium on Theory of Computing: Association for Computing Machinery, 1978: 296-313.

[5] Browne C B, Powley E, Whitehouse D, et al. A survey of Monte Carlo tree search methods. IEEE Transactions on Computational Intelligence and AI in Games, 2012, 4 (1): 1-43.

[6] Abramson B. Expected-outcome: A general model of static evaluation. IEEE Transactions on Pattern Analysis and Machine Intelligence, 1990, 12(2): 182-193.

[7] Gelly S, Silver D. Combining online and offline knowledge in UCT //Proceedings of the 24th International Conference on Machine Learning, 2007: 273-280.

[8] Perez D, Samothrakis S, Lucas S, et al. Rolling horizon evolution versus tree search for navigation in single-player real-time games //Proceedings of the 15th Annual Conference on Genetic and Evolutionary Computation, 2013: 351-358.

[9] Sutton R S, Barto A G. Reinforcement Learning: An Introduction. Cambridge: MIT, 1998.

[10] Tesayro G. TD-Gammon, a self-teaching backgammon program, achieves master-level play. Neural Computation, 1994, 6(2): 215-219.

[11] Kocsis L, Szepesvári C. Bandit based Monte-Carlo planning //European Conference on Machine Learning, 2006: 282-293.

[12] Littman M L. Reinforcement learning improves behaviour from evaluative feedback. Nature, 2015, 521(7553): 445-451.

[13] Michie D, Chambers R A. BOXES: An experiment in adaptive control. Machine Intelligence, 1968, 2(2): 137-152.

[14] Barto A, Duff M. Monte Carlo matrix inversion and reinforcement learning //Advances in Neural Information Processing Systems, 1994: 687-694.

[15] Watkins C J C H. Learning from Delayed Rewards. Cambridge: University of Cambridge, 1989.

[16] Rummery G A, Niranjan M. On-line Q-learning Using Connectionist Systems. Cambridge: University of Cambridge, 1994.

[17] Sutton R S. Learning to predict by the methods of temporal differences. Machine Learning, 1988, 3(1): 9-44.

[18] Williams R J. Simple statistical gradient-following algorithms for connectionist reinforcement learning. Machine Learning, 1992, 8(3-4): 229-256.

[19] Silver D, Lever G, Heess N, et al. Deterministic policy gradient algorithms//International Conference on Machine Learning, 2014: 387-395.

[20] Tang Z, Shao K, Zhu Y, et al. A review of computational intelligence for StarCraft AI //2018 IEEE Symposium Series on Computational Intelligence, 2018: 1167-1173.

[21] Zhu Y, Zhao D. Online minimax Q network learning for two-player zero-sum Markov games. IEEE Transactions on Neural Networks and Learning Systems, 2020, 33(3): 1218-1241.

[22] Mnih V, Kavukcuoglu K, Silver D, et al. Human-level control through deep reinforcement learning. Nature, 2015, 518(7540): 529-533.

[23] van Hasselt H, Guez A, Silver D. Deep reinforcement learning with double Q-learning //Proceedings of the AAAI Conference on Artificial Intelligence, 2016: 1-7.

[24] Wang Z, Schaul T, Hessel M, et al. Dueling network architectures for deep reinforcement learning //International Conference on Machine Learning, 2016: 1995-2003.

[25] Hessel M, Modayil J, van Hasselt H, et al. Rainbow: Combining improvements in deep reinforcement learning //Proceedings of the AAAI Conference on Artificial Intelligence, 2018: 1-8.

[26] Arjona-Medina J A, Gillhofer M, Widrich M, et al. RUDDER: Return decomposition for delayed rewards// Advances in Neural Information Processing Systems, 2019: 1-12.

[27] Dabney W, Rowland M, Bellemare M G, et al. Distributional reinforcement learning with quantile regression //The 32th AAAI Conference on Artificial Intelligence, 2018: 2892-2901.

[28] Dabney W, Ostrovski G, Silver D, et al. Implicit quantile networks for distributional reinforcement learning// Proceedings of the 35th International Conference on Machine Learning, 2018: 1096-1105.

[29] Reymond M, Nowé A. Pareto-dqn: Approximating the pareto front in complex multi-objective decision problems //Proceedings of the Adaptive and Learning Agents Workshop at AAMAS, 2019: 1-6.

[30] Bellemare M G, Dabney W, Dadashi R, et al. A geometric perspective on optimal representations for reinforcement learning// Advances in Neural Information Processing Systems, 2019: 1-12.

[31] Fujimoto S, Meger D, Precup D. Off-policy deep reinforcement learning without exploration// International Conference on Machine Learning, 2019: 2052-2062.

[32] Han S, Zhou W, Liu J, et al. Nrowan-DQN: A stable noisy network with noise reduction and online weight adjustment for exploration. Expert Systems with Applications, 2022, 203: 117343.

[33] Carta S, Ferreira A, Podda A S, et al. Multi-DQN: An ensemble of deep Q-learning agents for stock market forecasting. Expert Systems with Applications, 2021, 164: 113820.

[34] Mnih V, Badia A P, Mirza M, et al. Asynchronous methods for deep reinforcement learning //Proceedings of the 33th International Conference on Machine Learning, 2016: 1928-1937.

[35] Jaderberg M, Mnih V, Czarnecki W M, et al. Reinforcement learning with unsupervised auxiliary tasks. International Conference on Learning Representations, 2017: 1-12.

[36] Gruslys A, Azar M G, Bellemare M G, et al. The reactor: A sample-efficient actor-critic architecture. International Conference on Learning Representations, 2018: 1-12.

[37] Clemente A V, Castejón H N, Chandra A. Efficient parallel methods for deep reinforcement learning //The Multi-disciplinary Conference on Reinforcement Learning and Decision Making, 2017: 1-9.

[38] Barth-Maron G, Hoffman M W, Budden D, et al. Distributed distributional deterministic policy gradients. International Conference on Learning Representations, 2018: 1-11.

[39] O'Donoghue B, Munos R, Kavukcuoglu K, et al. Combining policy gradient and Q-learning. International Conference on Learning Representations, 2017: 1-14.

[40] Espeholt L, Soyer H, Munos R, et al. Impala: Scalable distributed deep-RL with importance weighted actor-learner architectures //International Conference on Machine Learning, 2018: 1407-1416.

[41] Horgan D, Quan J, Budden D, et al. Distributed prioritized experience replay. International Conference on Learning Representations, 2018: 1-11.

[42] Haarnoja T, Zhou A, Abbeel P, et al. Soft actor-critic: Off-policy maximum entropy deep reinforcement learning with a stochastic actor //International Conference on Machine Learning, 2018: 1861-1870.

[43] Fujimoto S, Hoof H, Meger D. Addressing function approximation error in actor-critic methods// International Conference on Machine Learning, 2018: 1587-1596.

[44] Fellows M, Mahajan A, Rudner T G, et al. Virel: A variational inference framework for reinforcement learning. Advances in Neural Information Processing Systems, 2019, 32: 7122-7136.

[45] Bibaut A, Malenica I, Vlassis N, et al. More efficient off-policy evaluation through regularized targeted learning// International Conference on Machine Learning, 2019: 654-663.

[46] Pan L, Cai Q, Huang L. Softmax deep double deterministic policy gradients. Advances in Neural Information Processing Systems, 2020, 33: 11767-11777.

[47] Cobbe K, Hilton J, Klimov O, et al. Phasic policy gradient// Proceedings of the 38th International Conference on Machine Learnig, 2021: 2020-2027.

[48] Guo X, Singh S, Lee H, et al. Deep learning for real-time Atari game play using offline Monte-Carlo tree search planning //Advances in Neural Information Processing Systems, 2014: 3338-3346.

[49] Osband I, Blundell C, Pritzel A, et al. Deep exploration via bootstrapped DQN // Advances in Neural Information Processing Systems, 2016: 4026-4034.

[50] Anschel O, Baram N, Shimkin N. Averaged-DQN: Variance reduction and stabilization for deep reinforcement learning //Proceedings of the 34th International Conference on Machine Learning, 2017: 176-185.

[51] He F S, Liu Y, Schwing A G, et al. Learning to play in a day: Faster deep rein-forcement learning by optimality tightening. International Conference on Learning Representations, 2016:1-10.

[52] Fortunato M, Azar M G, Piot B, et al. Noisy networks for exploration //Proceedings of the 7th International Conference on Learning Representations, 2018: 1-12.

[53] Levine N, Zahavy T, Mankowitz D J, et al. Shallow updates for deep reinforcement learning //Advances in Neural Information Processing Systems, 2017: 3135-3145.

[54] Hester T, Vecerik M, Pietquin O, et al. Deep Q-learning from demonstrations // Proceedings of the AAAI Conference on Artificial Intelligence, 2018: 3223-3230.

[55] Bellemare M G, Dabney W, Munos R. A distributional perspective on reinforcement learning //Proceedings of the 34th International Conference on Machine Learning, 2017: 449-458.

[56] Babaeizadeh M, Frosio I, Tyree S, et al. GA3C: GPU-based A3C for deep reinforcement learning //Proceedings of the 6th International Conference on Learning Representations, 2017: 1-12.

[57] Munos R, Stepleton T, Harutyunyan A, et al. Safe and efficient off-policy reinforcement learning //Advances in Neural Information Processing Systems, 2016: 1054-1062.

[58] Itaya H, Hirakawa T, Yamashita T, et al. Visual explanation using attention mecha-nism in actor-critic-based deep reinforcement learning. International Joint Conference on Neural Network, 2021: 1-10.

[59] Schulman J, Levine S, Abbeel P, et al. Trust region policy optimization //International Conference on Machine Learning, 2015: 1889-1897.

[60] Gu S, Lillicrap T, Sutskever I, et al. Continuous deep Q-learning with model-based acceleration //Proceedings of the 33th International Conference on Machine Learning, 2016: 2829-2838.

[61] Wu Y, Elman M, Shun L, et al. Scalable trust-region method for deep reinforcement learning using Kronecker-factored approximation //Advances in Neural Information Processing Systems, 2017: 1285-5294.

[62] Wang Z, Bapst V, Heess N, et al. Sample efficient actor-critic with experience replay// International Conference on Learning. Representations, 2017: 1-11.

[63] Nachum O, Norouzi M, Xu K, et al. Bridging the gap between value and policy based reinforcement learning //Advances in Neural Information Processing Systems, 2017: 2775-2785.

[64] Gu S, Lillicrap T, Ghahramani Z, et al. Q-prop: Sample-efficient policy gradient with an off-policy critic//International Conference on Learning Representation, 2017: 1-11.

[65] Littman M L. Value-function reinforcement learning in Markov games. Cognitive Systems Research, 2001, 2(1): 55-66.

[66] Littman M L. Markov Games As a Framework for Multi-agent Reinforcement Learning. New York: Elsevier, 1994.

[67] Li S, Wu Y, Cui X, et al. Robust multi-agent reinforcement learning via minimax deep deterministic policy gradient //Proceedings of the AAAI Conference on Artificial Intelligence, 2019: 4213-4220.

[68] Brown G W. Iterative solution of games by fictitious play. Activity Analysis of Production and Allocation, 1951, 13(1): 374-376.

[69] Lanctot M, Zambaldi V, Gruslys A, et al. A unified game-theoretic approach to multiagent reinforcement learning// Advances in Naural Information Processing Systems, 2017: 1-14.

[70] Leibo J Z, Perolat J, Hughes E, et al. Malthusian reinforcement learning //Proceedings of the 18th International Conference on Autonomous Agents and Multi Agent Systems, 2019: 1099-1107.

[71] Rosman B, Hawasly M, Ramamoorthy S. Bayesian policy reuse. Machine Learning, 2016, 104(1): 99-127.

[72] He H, Boyd-Graber J, Kwok K, et al. Opponent modeling in deep reinforcement learning //International Conference on Machine Learning, 2016: 1804-1813.

[73] Hong Z W, Su S Y, Shann T Y, et al. A deep policy inference q-network for multi-agent systems //Proceedings of the 17th International Conference on Autonomous Agents and Multi Agent Systems, 2018: 1388-1396.

[74] Raileanu R, Denton E, Szlam A, et al. Modeling others using oneself in multi-agent reinforcement learning //International Conference on Machine Learning, 2018: 4257-4266.

[75] Yang T, Hao J, Meng Z, et al. Towards efficient detection and optimal response against sophisticated opponents //Proceedings of the 28th International Joint Conference on Artificial Intelligence, 2019: 623-629.

[76] Tian Z, Wen Y, Gong Z, et al. A regularized opponent model with maximum entropy objective //Proceedings of the 28th International Joint Conference on Artificial Intelligence, 2019: 602-608.

第 3 章 DeepMind 游戏人工智能方法

3.1 引　　言

深度强化学习将深度学习的感知能力和强化学习的决策能力相结合,直接根据输入的图像进行决策与控制,是一种更接近人类思维方式的人工智能方法[1,2]。自提出以来,深度强化学习在理论和应用方面均取得显著的成果。尤其是,DeepMind 团队基于深度强化学习方法研发的计算机围棋程序——AlphaGo,在 2016 年 3 月以 4∶1 的大比分战胜李世石,成为人工智能历史上一个新的里程碑。随后,DeepMind 团队于 2017 年提出 AlphaGo Zero,2018 年提出 AlphaZero,2019 年提出 MuZero 和 AlphaStar,是深度强化学习在棋类、视频游戏、多智能体即时策略游戏领域取得突破的重要进展。本章聚焦围棋和多智能体即时策略游戏领域的重大突破,以 AlphaGo、AlphaGo Zero、MuZero,以及 AlphaStar 为主线,分别介绍棋类游戏和即时策略游戏的发展历史,并对各个算法的原理与性能展开分析,总结深度强化学习在突破游戏 AI 重大挑战中采用的方法和技巧,为其他章节游戏 AI 方法中相关问题的解决提供思路。

3.2 AlphaGo

DeepMind 团队于 2016 年公布了一项令人瞩目的研究成果——AlphaGo。这项工作打破了传统学术界设计类人智能学习算法的桎梏,将深度强化学习和 MCTS 算法紧密结合在一起。其卓越性能远超人们的想象,极大地震撼了学术界和社会各界。

DeepMind 团队在 *Nature* 上的两篇文章使深度强化学习成为高级人工智能的热点。2015 年 1 月的文章[3] 提出 DQN,在雅达利游戏上取得突破性的成果。DQN 模拟人类玩家进行游戏的过程,直接将游戏画面作为信息输入,游戏得分作为学习的强化信号。研究人员对训练收敛后的算法进行测试,发现其在 49 个视频游戏中的得分均超过人类高级玩家。在此基础上,DeepMind 团队在 2016 年 1 月的文章[4] 进一步提出计算机围棋程序 AlphaGo。该算法将深度强化学习方法和 MCTS 算法结合,可以极大地减少搜索过程的计算量,提升对棋局估计的准确度。AlphaGo 在与欧洲围棋冠军樊麾的对弈中,取得 5∶0 完胜的结果。2016 年 3 月,与当时世界顶级棋手职业九段李世石进行举世瞩目的对弈,最终以 4∶1 获得胜利。这也标志着深度强化学习作为一种全新的机器学习算法，已经在复杂的棋类博弈游戏中超越人类。

本节重点介绍计算机围棋的历史与现状，AlphaGo 的原理及其优缺点，最后作出总结。

3.2.1   算法概述

人工智能领域一个里程碑式的工作是由 DeepMind 团队在 2016 年初发表于 *Nature* 文章[4]。AlphaGo 的胜利对整个围棋领域 AI 的研究产生了极大的促进作用。达到人类围棋职业选手顶尖水平的围棋 AI，如腾讯的绝艺、日本的 DeepZenGo 等，都深受 AlphaGo 的影响。AlphaGo 将深度强化学习的研究推向了新的高度。它创新性地结合深度强化学习和 MCTS，通过策略网络选择落子位置缩小搜索宽度，使用价值网络评估局面来减小搜索深度，使搜索效率得到大幅提升，胜率估算也更加精确。与此同时，AlphaGo 使用强化学习的自我博弈对策略网络进行调整，改善策略网络的性能，使用自我对弈和快速走子结合形成的棋谱数据进一步训练价值网络。最终在线对弈时，结合策略网络和价值网络的 MCTS 在当前局面下选择最终的落子位置。

AlphaGo 成功地整合了上述算法，并依托强大的硬件支持达到顶尖棋手的水平。文献 [1] 介绍了 AlphaGo 的技术原理，包括线下学习和在线对弈的具体过程，并分析了 AlphaGo 成功的原因，以及当时存在的问题。此后，DeepMind 团队对 AlphaGo 作出进一步改进，并先后战胜李世石、柯洁，以及 60 多位人类顶尖围棋选手，显示出强大的实力。

3.2.2   计算机围棋的发展历史与现状

计算机围棋源于 20 世纪 60 年代，长期以来，它被认为是人工智能领域的一大挑战，并为智能学习算法的研究提供了一个很好的测试平台。计算机围棋通过计算大约含 b^d 个落子情况序列的搜索树的最优价值函数评估棋局和选择落子位置，其中 b 是搜索的宽度，d 是搜索的深度。与象棋等具有有限搜索空间的棋类不同，围棋的计算复杂度约为 10^{360}。如果采用传统的暴力搜索方式，按照现有的计算能力是远远无法解决围棋问题的[5]。早期计算机围棋通过专家系统和模糊匹配缩小搜索空间，减轻计算强度，但是限于计算资源和硬件能力，实际效果并不理想。

2006 年，MCTS 的应用标志着计算机围棋进入崭新的阶段[6]。现代计算机围棋的主要算法是基于蒙特卡罗树的优化搜索。Coulom 采用这种方法开发的 CrazyStone 在 2006 年计算机奥运会上首次夺得九路 (9×9 的棋盘) 围棋的冠军。2008 年，王一早开发的 MoGo 在 9 路围棋中达到段位水平。2012 年，加藤英树开发的 Zen 在 19 路 (19×19 的全尺寸棋盘) 围棋中以 3:1 击败二段棋手约翰特朗普。2014 年，职业棋手依田纪基九段让四子不敌 CrazyStone，在围棋界引起巨大的轰动。赛后依田纪基表示此时的 CrazyStone 大概有业余六七段的实力，但是他依然认为数年内计算机围棋很难达到职业水准。与此同时，加藤英树也表示计算机围棋需要数十年的时间才能达到职业水准，这也是当时大多数围棋领域和人工智能领域专家的观点。然而，随着深度学习和 MTCS 的结合，这一观点开始受到挑战。2015 年，脸书人工智能研究院的 Tian 等[7] 结合深度卷积神经网络和 MCTS 开发的计算机围棋 DarkForest 表现出与人类相似的下棋风格和惊人的实力，这预示着计算机围棋达到职业水准的时间可能会提前。2016 年 3 月，AlphaGo 的横空出世彻底宣告基于人工智能算法的计算机围棋达到人类顶尖棋手水准。

3.2.3　原理分析

AlphaGo 创新性地结合深度强化学习和 MCTS，通过价值网络评估局面减小搜索深度，利用策略网络缩小搜索宽度，使搜索效率得到大幅提升，胜率估算也更加精确[4]。策略网络和价值网络如图 3.1 所示。

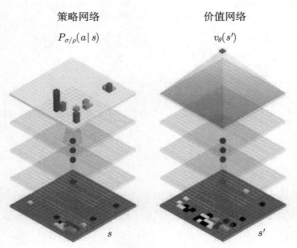

图 3.1　策略网络和价值网络 [4]

策略网络将棋盘状态 s 作为输入，经过 13 层的卷积神经网络输出不同落子位置的概率分布 $p_\sigma(a|s)$ 或 $p_\rho(a|s)$，其中 σ 和 ρ 分别表示由监督学习和强化学习得到的策略网络，a 表示采取的落子动作。价值网络同样使用深度卷积神经网络，输出一个标量值 $v_\theta(s')$ 预测选择落子位置 s' 时的期望奖赏，θ 为价值网络的参数。

AlphaGo 的原理流程主要包含线下学习和在线对弈两部分。

1. 线下学习

策略网络和价值网络训练过程如图 3.2 所示。AlphaGo 的线下学习包含三个阶段。

① DeepMind 团队使用棋圣堂围棋服务器上 3000 万个专业棋手对弈棋谱的落子数据，基于监督学习得到一个策略网络，预测棋手的落子情况，称为监督学习的策略网络 p_σ。训练策略网络时采用随机梯度上升法更新网络权重，即

$$\Delta\sigma \propto \frac{\partial \log p_\sigma(a|s)}{\partial \sigma} \tag{3.1}$$

在使用全部 48 个输入特征的情况下，预测准确率达到 55.7%，这远高于其他方法的结果。同时，他们还使用局部特征匹配和线性回归的方法训练快速走子策略网络 p_π，在损失部分准确度的情况下可以极大地提高走棋的速度。

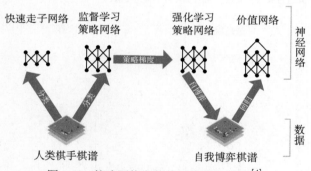

图 3.2   策略网络和价值网络训练过程[4]

② 在第 1 阶段结果的基础上，使用强化学习进一步对策略网络进行学习，得到强化学习的策略网络 p_ρ。训练过程先使用监督学习的策略网络对强化学习的策略网络进行初始化，然后通过自我博弈来改善策略网络的性能。训练过程采用策略梯度算法，按照预期结果最大值的方向更新权重，即

$$\Delta\rho \propto \frac{\partial \log p_\rho(a_t|s_t)}{\partial \rho} z_t \tag{3.2}$$

其中，z_t 为时刻 t 的奖赏，胜方为 $+1$、败方为 -1。

在与监督学习的策略网络 p_θ 的对弈中，强化学习的策略网络 p_ρ 能够获得 80% 的胜率。

③ 使用自我博弈产生的棋谱，根据最终胜负结果训练价值网络 v_θ。训练价值网络时，使用随机梯度下降法最小化预测值 $v_\theta(s)$ 和相应结果 z 间的差值，即

$$\Delta\theta \propto \frac{\partial v_\theta(s)}{\partial\theta}(z - v_\theta(s)) \tag{3.3}$$

训练好的价值网络可以对棋局进行评估，预测最终胜负的概率。

2. 在线对弈

AlphaGo 通过 MCTS 将策略网络和价值网络结合起来，利用前向搜索选择动作。在线对弈主要包含五个步骤。

① 预处理。利用当前棋盘局面提取特征，作为深度网络的输入，最终的 AlphaGo 网络输入包含 48 个特征层。

② 选择。每次模拟从根节点出发遍历搜索树，根据最大动作值 Q 和激励值 $u(s,a)$ 选择下一个节点，即

$$u(s,a) \propto \frac{P(s,a)}{1 + N(s,a)} \tag{3.4}$$

其中，$N(s,a)$ 为访问次数；$P(s,a)$ 为对应动作的前向概率。

遍历进行到步骤 L 时，节点记为 s_L。

③ 展开。访问次数达到一定数目时，叶节点展开，展开时被监督学习策略网络 p_σ 处理一次，此时的输出概率保存为对应动作的前向概率 $P(s,a) = p_\sigma(a|s)$，根据前向概率计算不同落子位置往下发展的权重。

④ 评估。叶节点有两种评估方式，即价值网络的估值 $v_\theta(s_L)$ 和快速走子产生的结果 z_L。这是因为棋局开始时，价值网络的估值比较重要。随着棋局的进行，局面状态变得复杂，这时会更加看重快速走子产生的结果[8]。两者通过加权的方式计算叶节点的估值 $V(s_L)$。

⑤ 备份。将评估结果作为当前棋局下一步走法的 Q 值，即

$$Q(s,a) = \frac{1}{N(s,a)} \sum_{i=1}^{n} 1(s,a,i) V(s_L{}^i) \tag{3.5}$$

其中，$1(s,a,i)$ 为指示函数，表示进行第 i 次模拟时状态动作对 (s,a) 是否被访问；Q 值越大，之后的模拟选择此走法的次数越多。

模拟结束时，遍历过的节点的状态动作值和访问次数得到更新。每个节点累积经过此节点的访问次数和平均估值。反复进行上述过程达到一定次数后搜索完成，算法选取从根节点出发访问次数最多的那条路径落子。AlphaGo 原理[9] 如图 3.3 所示。

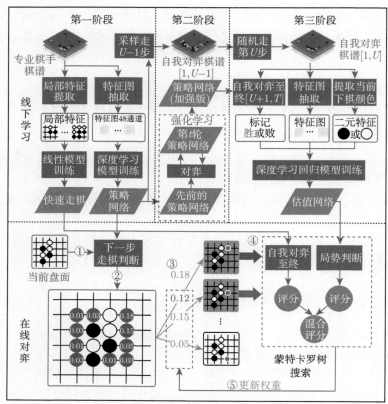

图 3.3　AlphaGo 原理图[9]

3.2.4　性能分析

AlphaGo 成功整合了上述方法，并依托强大的硬件支持，可以达到顶尖棋手的水平。与此同时，在与李世石的比赛中，我们也看到 AlphaGo 不完美的一面。

1. AlphaGo 成功的原因

AlphaGo 的成功离不开深度神经网络。传统的基于规则的计算机围棋方法只能识别固定的棋路，这类似于背棋谱。基于深度学习的 AlphaGo 自动提取棋谱局面特征并将其有效地组合在一起，可以极大地增强对棋谱的学习能力。其次，局面评估也是 AlphaGo 成功的关键。价值网络和快速走子网络在局面评估时互为补充，能够较好地应对对手下一步棋的不确定性，对得到更加精确的评估结果至关重要。此外，硬件配置的大幅提升也功不可没。AlphaGo 采用异步多线程搜索，用 CPU 执行模拟过程，用 GPU 计算策略网络和价值网络。最终单机版本的 AlphaGo 使用 48 个 CPU 和 8 个 GPU，分布式版本的 AlphaGo 采用 1202 个

CPU 和 176 个 GPU。正是这些计算机硬件的支持，才得以让 AlphaGo 发挥出强大的实力[4]。

2. 打劫问题分析

AlphaGo 在对人类顶尖棋手的对弈中取得令人瞩目的成绩，但它也并非完美无缺，其中打劫能力可能是制约 AlphaGo 的一个主要因素。打劫在围棋对弈中占据着十分重要的地位，获取最佳的打劫策略一直是计算机围棋的研究难点。AlphaGo 的研发成员 Huang [10] 认为，价值网络考虑打劫后的搜索深度通常会加深，复杂度也会提高很多，所以一般的算法选择消劫。郑宇等[9] 认为早期棋盘搜索空间大，此时打劫能极大地增加 AlphaGo 的搜索宽度和深度。作为应对 AlphaGo 的策略，最好在刚进入中盘时开劫，并且能在盘面上长时间保持两处以上的劫争。随着比赛的进行，搜索空间变小，就应该尽量避免打劫[9]。关于打劫的问题，目前尚有争议。AlphaGo 在和樊麾对弈的第三局有打劫、第五局更是有多次打劫，和李世石的比赛中也出现打劫，并没有明显异常的表现。从算法原理上分析，打劫有多种，只有在个别情况，例如循环劫才可能产生 MCTS 的节点循环现象，可以采用状态判断和估值来跳出这个循环节点。

3. 第四局失利分析

AlphaGo 在第四局的失利也让我们认识到它需要改进的地方还很多。训练 AlphaGo 所用的棋谱，只有小部分是人类职业选手的棋局，总数上亿的棋局是自我博弈产生的，这远远多于高质量的人类棋谱数量。在整个训练数据集中，低质量的样本占绝大多数。训练样本分布的不均衡可能是导致 AlphaGo 失利的一个原因。MCTS 本质上是一种随机搜索，只能在一定的概率下得到正确的搜索结果，相比人类基于逻辑推理的方式，可能会对局势产生非准确的判断。AlphaGo 在自我博弈的过程中使用的是强化学习。强化学习的一个突出问题是存在学习的盲区，即在整个学习过程中，存在没有被探索到的部分状态空间。另一位研发成员哈萨比斯在赛后也提到 AlphaGo 可能存在短暂盲区。如果找到 AlphaGo 学习的盲区，就能找到相应的对弈策略。

3.2.5　评价

围棋因为复杂的落子选择和庞大的搜索空间在人工智能领域具有显著的代表性。AlphaGo 基于深度卷积神经网络的策略网络和价值网络减小了搜索空间，并且在训练过程中创新性地结合监督学习和强化学习，最后成功地整合了 MCTS 算法。AlphaGo 作为人工智能领域的里程碑，其智能突出体现在以下四点。

① 棋谱数据可以完全获取，知识能够自动表达。围棋是一种完全信息博弈的游戏；通过摄像机拍摄即可获得全部的状态信息。AlphaGo 能够获得完备的数据

集，并将数据自动表示成知识。

② AlphaGo 能够较好地应对对手下一步棋的不确定性，按搜索和评价策略进行决策。通常控制界要先给出系统的很多假设，例如不确定性在一定的范围内才能证明系统的收敛性或稳定性。人工智能是感知与认知交互迭代的方法，对系统的不确定性不作预先假设，虽然很难得到理论证明，但是在实践中 (搜索和评价) 获得了成功。AlphaGo 在应对不确定性的优秀表现彰显了其智能水平。

③ 以标准赛制产生的人类棋手为智能标准，设计了较好的智能评价准则。围棋是一个标准赛制的游戏，通过段位科学地描述棋手的水平。因此，计算机围棋的智能水平很容易通过人类棋手来测试。通过与职业棋手樊麾和李世石的对弈，AlphaGo 的智能水平得到很好的体现。

④ AlphaGo 通过自我博弈产生 3000 万盘棋，深度模仿人类顶尖棋手的对弈，提升系统的智能水平。AlphaGo 具有强大的自学习能力，通过深度强化学习的机制不断提高水平，从战胜樊麾到战胜李世石，经历时间不长，出乎大多数人意料，可见自学习在其中发挥了重要作用。

根据公开发表的资料，虽然 AlphaGo 使用的强化学习、深度学习、MCTS 等算法都是已有的、广为人知的方法，但是 AlphaGo 与人类棋手对弈的结果表明，它已具备了高级智能，达到顶级棋手的对弈水准。

3.3 AlphaGo Zero

2017 年，DeepMind 团队公布 AlphaGo 的升级版——AlphaGo Zero[11]。AlphaGo Zero 不需要人类专家知识，只使用纯粹的深度强化学习技术和 MCTS，经过 3 天自我对弈就以 100∶0 击败了上一版本的 AlphaGo。AlphaGo Zero 证明了深度强化学习的强大能力，必将推动以深度强化学习为代表的人工智能领域的进一步发展。

3.3.1 算法概述

在 AlphaGo 的基础上，DeepMind 团队进一步提出 AlphaGo Zero[11]。AlphaGo Zero 的出现，再一次引发各界对深度强化学习算法和围棋 AI 的关注与讨论。AlphaGo Fan（和樊麾对弈的 AlphaGo）和 AlphaGo Lee（和李世石对弈的 AlphaGo）都采用策略网络和价值网络分开的结构，其中策略网络先模仿人类专业棋手的棋谱进行监督学习，然后使用策略梯度强化学习算法进行提升。在训练过程中，深度神经网络与 MCTS 中结合形成树搜索模型，本质上是使用神经网络算法对树搜索空间的优化。

如表 3.1 所示，AlphaGo Zero 与之前的版本有很大的不同。

① 神经网络权值完全随机初始化。AlphaGo Zero 不利用任何人类专家的经验或数据，随机初始化神经网络的权值进行策略选择，随后使用深度强化学习进行自我博弈和提升。

② 无须先验知识。AlphaGo Zero 不再需要人工设计特征，仅利用棋盘上黑白棋子的摆放情况作为原始数据输入神经网络，以此得到结果。

③ 神经网络结构复杂性降低。AlphaGo Zero 将原先两个结构独立的策略网络和价值网络合为一体，合并成一个神经网络。在该神经网络中，从输入层到中间层的权重是完全共享的，最后的输出阶段分成策略函数输出和价值函数输出。

表 3.1　各版本 AlphaGo 对比

项目	AlphaGo Zero	AlphaGo Master	AlphaGo Lee	AlphaGo Fan
神经网络	1 个共享网络	策略、价值、走子网络	策略、价值、走子网络	策略、价值、走子网络
Elo（等级分）[①]	5185	4858	3739	3144
推理阶段硬件	单机 4 块 TPU（tensor processing unit, 张量处理器）	单机 4 块 TPU	48 块 TPU+176 块 GPU	48 块 TPU+176 块 GPU
训练时间	40 天	未说明	数月	未说明
专家棋谱	未使用	AlphaGo Lee 产生的棋谱	KGS 数据集	KGS 数据集

① 棋类游戏常用的评分系统，命名源于其创始人 Arpad Elo。

④ 舍弃快速走子网络。AlphaGo Zero 不再使用快速走子网络替换随机模拟，而是完全将神经网络得到的结果替换为随机模拟，在提升学习速率的同时，增强神经网络估值的准确性。

⑤ 神经网络引入残差结构。AlphaGo Zero 的神经网络采用基于残差网络结构的模块进行搭建，用更深的神经网络进行表征提取，从而在更加复杂的棋盘局面中学习。

⑥ 硬件资源需求更少。以前 Elo 评分最高的 AlphaGo Fan 需要 1920 块 CPU 和 280 块 GPU 才能完成执行任务，AlphaGo Lee 则减少到 176 块 GPU 和 48 块 TPU，现在的 AlphaGo Zero 只需要单机 4 块 TPU 便可完成，如图 3.4 所示。

⑦ 学习时间更短。AlphaGo Zero 仅用 3 天的时间便达到 AlphaGo Lee 的水平，21 天后达到 AlphaGo Master 水平，棋力提升迅速。AlphaGo Zero 的训练过程如图 3.5 所示。

就影响因素的重要程度而言，AlphaGo Zero 棋力提升的关键因素可以归结为两点，一是使用基于残差模块构成的深度神经网络，不需要人工制定特征，通过原始棋盘信息便可提取相关表征；二是使用新的神经网络构造启发式搜索函数，优化 MCTS 算法，使用神经网络价值函数替换快速走子过程，使算法训练学习和执行走子需要的时间大幅减少。

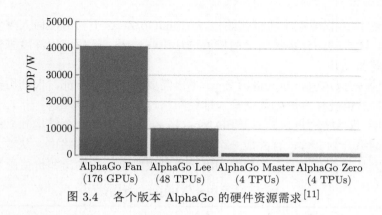

图 3.4   各个版本 AlphaGo 的硬件资源需求[11]

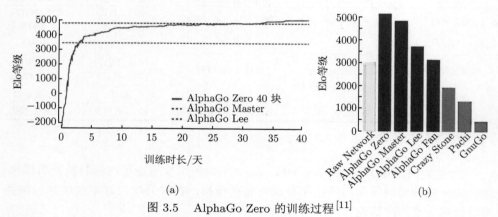

(a)   (b)

图 3.5   AlphaGo Zero 的训练过程[11]

作为 AlphaGo Zero 关键技术之一的深度残差网络，由 He 等[12] 在 2016 年提出。与其他深度神经网络模型相比，深度残差网络能进行成百乃至上千层的网络学习，并且在多项极具挑战性的识别任务，如 ImageNet 和微软 COCO 等比赛中取得当下最佳成绩，体现了网络的深度对特征表征提取的重要性。深度残差网络由多层残差单元堆叠而成，其表达为

$$y_l = h(x_l) + F(x_l, W_l) \tag{3.6a}$$

$$x_{l+1} = f(y_l) \tag{3.6b}$$

其中，W_l 为神经网络权值；y_l 为中间输出；x_l 和 x_{l+1} 为第 l 个单元的输入和输出；F 为残差函数；h 为恒等映射；f 为常用线性修正单元（rectified linear unit，ReLU）的激活函数。

残差网络与其他常见的卷积前向神经网络的最大不同在于多了一条跨层传播直连接通路，使得神经网络在进行前向传播和后向传播时，传播信号都能从一层

直接平滑地传递到另一指定层。残差函数引入批量归一化（batch normalization，BN）进行优化，使神经网络输出分布白化，进而使用数据归一化抑制梯度消失或出现爆炸现象[13]。

3.3.2　深度神经网络结构

AlphaGo Zero 的深度神经网络结构有两个版本，分别是除去输出部分的 39(19 个残差模块) 层卷积网络版和 79（39 个残差模块）层卷积网络版。两个版本的神经网络除了中间层部分的残差模块个数不同，其他结构大致相同。

神经网络的输入为 $19 \times 19 \times 17$ 的张量，具体表示己方最近 8 步内的棋面和对手最近 8 步内的棋面，以及己方执棋颜色。所有输入张量的取值为 $\{0,1\}$，即二元数据。前 16 个二维数组型数据直接反映黑白双方对弈距今 8 局的棋面，以 1 表示己方已落子状态，0 表示对手已落子或空白状态。最后 1 个 19×19 的二维数组用全部元素置 0 表示执棋方为白方，置 1 表示执棋方为黑方。

由 AlphaGo Zero 的网络结构可知，输入层经过 256 个 3×3、步长为 1 的卷积核构成的卷积层，经过批量归一化处理，以 ReLU 作为激活函数输出。中间层为 256 个 3×3、步长为 1 的卷积核构成的卷积层，经过两次批量归一化处理，由输入部分产生直连接信号作用，进入 ReLU 激活函数。

输出部分包括两个部分，一部分称为策略输出，含 2 个 1×1 卷积核、步长为 1 的卷积层，同样经过批量归一化和 ReLU 激活函数作处理，连接神经元个数为 362（所有可能的走子位置和放弃走子）的线性全连接层，使用对数概率对所有输出节点作归一化处理，转换到 $[0, 1]$。另一部分称为估值输出，含 1 个 1×1 卷积核、步长为 1 的卷积层，经批量归一化和 ReLU 激活函数，以及全连接层，最后连接一个激活函数为 Tanh 的全连接层，并且该层只有一个输出节点，取值范围为 $[-1, 1]$。

输入模块、输出模块、残差模块如图 3.6 所示。各模块代表一个模块单元的基本组成部分、模块结构及相关参数。

3.3.3　蒙特卡罗树搜索

假设当前棋面为状态 s_t，深度神经网络记作 f_θ，以 f_θ 的策略输出和估值输出作为 MCTS 的搜索方向依据，取代原本需要的快速走子过程。这样既可以有效降低 MCTS 算法的时间复杂度，也使深度强化学习算法在训练过程中的稳定性得到提升。

如图 3.7 所示，搜索树的当前状态为 s，选择动作为 a，各节点间的连接边为 $e(s,a)$，各条边 e 存储四元集为遍历次数 $N(s,a)$、动作累计值 $W(s,a)$、动作平均值 $Q(s,a)$、先验概率 $P(s,a)$。与 AlphaGo 以往的版本不同，AlphaGo Zero 将原来 MCTS 需要的 4 个阶段合并成 3 个阶段，将原来的展开阶段和评估阶段合并成一个阶段。搜索过程如下。

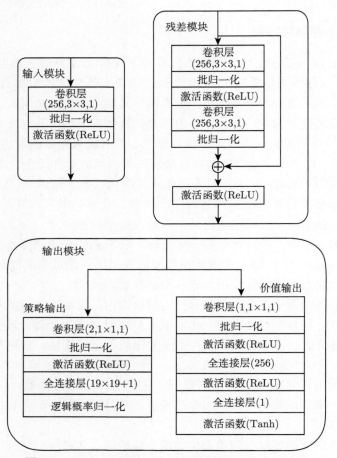

图 3.6   AlphaGo Zero 神经网络结构的三个主要模块

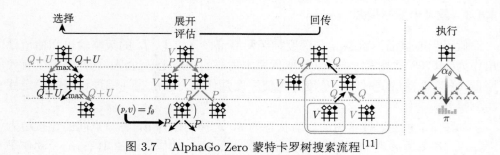

图 3.7   AlphaGo Zero 蒙特卡罗树搜索流程[11]

① 选择阶段。假定搜索树的根节点为 s_0，从根节点 s_0 到叶子节点 s_l 需要经过的路径长度为 L，在路径 L 的第 t 步中，选择对应当前状态 s_t 的最大动作值作为搜索路径，即

$$a_t = \arg\max_a (Q(s_t, a) + U(s_t, a)) \tag{3.7a}$$

$$U(s_t, a) = c_{\text{puct}} P(s_t, a) \frac{\sqrt{\sum_b N(s_t, b)}}{1 + N(s_t, a)} \tag{3.7b}$$

$$P(s_t, a) = (1 - \epsilon)P(s_t, a) + \epsilon\eta \tag{3.7c}$$

其中，c_{puct} 为重要的超参数，平衡探索与利用间的权重分配，当 c_{puct} 较大时，驱使搜索树向未知区域探索，反之则驱使搜索树快速收敛；$\sum_b N(s_t, b)$ 为经过状态 s_t 的所有次数；$P(s_t, a)$ 为深度神经网络 $f_\theta(s_t)$ 的策略输出对应动作 a 的概率值，并且引入服从 Dirchlet(0.03) 分布的噪声 η，惯性因子 $\epsilon = 0.25$，从而使神经网络的估值鲁棒性得到增强。

值得一提的是，MCTS 的超参数 c_{puct} 是通过高斯过程优化得到的，并且 39 个残差模块版本与 19 个残差模块版本的神经网络所用的超参数并不一样，较深网络的超参数是由较浅网络再次优化后得到的。

② 展开与评估阶段。在搜索树的叶子节点，进行展开与评估。当叶子节点处于状态 s_l 时，由神经网络 f_θ 得到策略输出 p_l 和估值输出 v_l。然后，初始化边 $e(s_l, a)$ 中的四元集，即 $N(s_l, a) = 0$、$W(s_l, a) = 0$、$Q(s_l, a) = 0$、$P(s_l, a) = p_l$。在棋局状态估值时，需要对棋面旋转 $n \times 45°$，$n \in \{0, 1, \cdots, 7\}$ 或双面反射后输入神经网络。在神经网络进行盘面评估时，其他并行线程皆处于锁死状态，直至神经网络运算结束。

③ 回传阶段。当展开与评估阶段完成后，搜索树中各节点连接边的信息都已经得到。此时，需要将搜索得到的最新结构由叶子节点回传到根节点进行更新。访问次数 $N(s_t, a_t)$、动作累计值 $W(s_t, a_t)$、动作平均值 $Q(s_t, a_t)$ 具体的更新方式为

$$N(s_t, a_t) = N(s_t, a_t) + 1 \tag{3.8a}$$

$$W(s_t, a_t) = W(s_t, a_t) + v_t \tag{3.8b}$$

$$Q(s_t, a_t) = \frac{W(s_t, a_t)}{N(s_t, a_t)} \tag{3.8c}$$

其中，v_t 为神经网络 $f_\theta(s_t)$ 的估值输出。

随着模拟次数的增加，动作平均值 $Q(s_t, a_t)$ 会逐渐趋于稳定，并且在数值形式上与神经网络的策略输出 p_t 没有直接关系。

④ 执行阶段。经过 1600 次 MCTS，树中的各边存储着历史信息，根据这些历史信息可以得到落子概率分布 $\pi(a|s_0)$。$\pi(a|s_0)$ 可由叶子节点的访问次数经过模拟退火算法得到，即

$$\pi(a|s_0) = \frac{N(s_0, a)^{\frac{1}{\tau}}}{\sum\limits_{b} N(s_0, b)^{\frac{1}{\tau}}} \tag{3.9}$$

其中，模拟退火参数 τ 初始为 1，在前 30 步走子一直为 1，随着走子步数的增加而减小，趋向于 0。

引入模拟退火算法后，可以极大地丰富围棋开局的变化情况，并保证在收官阶段作出最为有利的选择。

执行完落子动作后，当前搜索树的扩展子节点及子树的历史信息会被保留，而扩展子节点的所有父节点及信息都会被删除，在保留历史信息的前提下，减小搜索树所占的内存。最终以扩展节点作为新的根节点，为下一轮 MCTS 做准备。值得注意的是，当根节点的估值输出 v_θ 小于指定阈值 v_{resign} 时，作认输处理，即此盘棋局结束。

3.3.4 训练流程

如图 3.8 所示，AlphaGo Zero 的训练流程可以分为 4 个阶段。

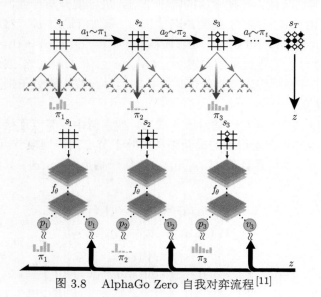

图 3.8   AlphaGo Zero 自我对弈流程[11]

第 1 阶段，假设当前棋面状态为 x_t，以 x_t 作为数据起点，可以得到距今最近的己方历史 7 步棋面状态和对手历史 8 步棋面状态，分别记作 $x_{t-1}, x_{t-2}, \cdots, x_{t-7}$

和 y_t, y_{t-1}, $\cdots$, y_{t-7}。记己方执棋颜色为 c，拼接在一起，记输入元 s_t 为 $\{x_t,\ y_t,\ x_{t-1},\ y_{t-1}, \cdots, c\}$，并以此开始评估。

第 2 阶段，使用基于深度神经网络 f_θ 的 MCTS 展开策略评估，经过 1600 次搜索得到当前局面 x_t 的策略 π_t 和参数 θ 下深度神经网络 $f_\theta(s_t)$ 输出的策略函数 p_t 和估值 v_t。

第 3 阶段，由 MCTS 得到的策略 π_t，结合模拟退火算法，在对弈前期增加落子位置多样性，丰富围棋数据样本。一直持续这步操作，直至棋局终了，得到最终胜负结果 z。

第 4 阶段，用胜负结果 z 与价值 v_t 计算均方和误差，策略函数 p_t 和 MCTS 的策略 π_t 计算交叉信息熵误差，两者构成损失函数。同时，并行反向传播至神经网络的每步输出，使深度神经网络 f_θ 的权值得到进一步优化。

深度神经网络的输出和损失函数分别为

$$(p_t, v_t) = f_\theta(s_t) \tag{3.10a}$$

$$l = (z - v_t)^2 - \pi_t^{\mathrm{T}} \log p_t + c\|\theta\|^2 \tag{3.10b}$$

3.3.5　讨论

AlphaGo Zero 的成功证明在没有人类经验指导的前提下，深度强化学习算法仍然能在围棋领域出色地完成这项复杂任务，甚至比有人类经验知识指导时达到更高的水平。在围棋下法上，AlphaGo Zero 可以比此前的版本创造出更多前所未见的下棋方式，为人类对围棋领域的认知打开了新的篇章。从某种程度而言，AlphaGo Zero 展现了机器"机智过人"的一面。

现在从以下几个方面对 AlphaGo 和 AlphaGo Zero 进行比较。

1. 局部最优与全局最优

虽然 AlphaGo 和 AlphaGo Zero 都以深度学习为核心算法，但是核心神经网络的初始化方式却不同。AlphaGo 是基于人类专家棋谱使用监督学习进行训练，虽然算法的收敛速度较快，但是容易陷入局部最优。AlphaGo Zero 则没有使用先验知识和专家数据，避开了噪声数据的影响，直接基于强化学习来逐步逼近至全局最优解。最终 AlphaGo Zero 的围棋水平要远高于 AlphaGo。

2. 大数据与深度学习的关系

传统观点认为，深度学习需要大量数据作支撑，泛化性能才会更好。但是，数据的采集和整理需要投入大量的精力才能完成，有时候甚至难以完成。AlphaGo Zero 另辟蹊径，不需要使用任何外部数据，完全通过自学习产生数据并逐步提升性能。自学习产生的数据可谓取之不尽、用之不竭。伴随智能体水平的提升，产生的样本质量也会随之提高。这恰好可以满足深度学习对数据质与量的需求。

3. 强化学习算法的收敛性

强化学习的不稳定性和难收敛性一直被研究者所诟病，而 AlphaGo Zero 则刷新了人们对强化学习的认知，给出了强化学习稳定收敛、有效探索的可能性，即通过搜索算法，对搜索过程进行大量模拟，根据期望结果的奖赏信号进行学习，使强化学习的训练过程保持稳定提升的状态。但是，目前相关理论支持仍不完善，还需要开展更多的研究工作。

4. 算法的"加法"和"减法"

研究 AlphaGo Zero 的成功会发现，以往性能优化的研究都是在上一个算法的基础上增添技巧或外延扩展，丰富之前的研究，归结为做加法的过程。AlphaGo Zero 却与众不同，是在 AlphaGo 的基础上做减法，将原来复杂的三个网络模型缩减到一个网络，将原来复杂 MCTS 的四个阶段减少到三个阶段，将原来的多机分布式云计算平台锐减到单机运算平台，将原来需要长时间训练的有监督学习方式彻底减掉。每一步优化都是由繁到简、去粗取精的过程，使 AlphaGo 摆脱冗余方法的束缚，轻装上阵，在围棋领域成为"一代宗师"。这样的"减法"思维将在未来产生更加深远的影响，创造出更多令人赞叹的新发明、新技术。

目前，AlphaGo 中神经网络的成功主要还是基于卷积神经网络，但是下围棋是一个动态持续的过程，因此引入递归神经网络是否能对 AlphaGo 的性能有所提升也是一个值得思考的问题。AlphaGo Zero 算法并非石破天惊、复杂无比，相反很多算法早已被前人提出并实现。但是，此前的这些算法，尤其是深度强化学习等算法，通常只能用来处理规模较小的问题，在大规模问题上难以做到无师自通。AlphaGo Zero 的成功刷新了人们对深度强化学习算法的认识，并对深度强化学习领域的研究更加期待。深度学习与强化学习的进一步结合相信会引发更多的思想浪潮。深度学习已经在许多重要的领域被证明可以取代人工提取特征，得到更优的结果。深度学习在插上强化学习的翅膀后更是如虎添翼，甚至有可能颠覆传统人工智能领域，进一步巩固和提升机器学习在人工智能领域的地位。

3.4 AlphaZero 和 MuZero

在 AlphaGo Zero 之后，DeepMind 团队在通用人工智能方面，先后提出 AlphaZero 和 MuZero[①]这两种不但能下围棋，而且精通其他棋类游戏，甚至视频游

---

① MuZero 命名由来：Mu 意指使用模型进行规划，Zero 继承自 AlphaGo 家族，表示无需人类专家先验样本，从零开始进行学习

戏的更为通用的方法。AlphaZero 与 AlphaGo Zero 大体相同，因此本章简要介绍 AlphaZero，主要介绍 MuZero。

2018 年，DeepMind 团队提出 AlphaGo 家族的第一种能够精通多种棋类游戏的通用人工智能方法——AlphaZero[14]。2020 年，DeepMind 团队公布 AlphaGo 家族新成员——MuZero[15]。与 AlphaGo 家族其他成员相比，MuZero 进一步摆脱了搜索规划阶段对环境完美仿真器或者游戏规则的依赖，利用价值函数等价模型 (value equivalence model)[16] 在隐空间进行规划，是一种更为通用的人工智能算法。图 3.9 描述了 AlphaGo 家族的发展历史及各个版本的特点。MuZero 将 AlphaGo 家族的应用范围从原先的棋类游戏进一步扩展到更具有一般代表性的雅达利游戏中。该算法的提出是通用人工智能发展史上的又一重要事件。

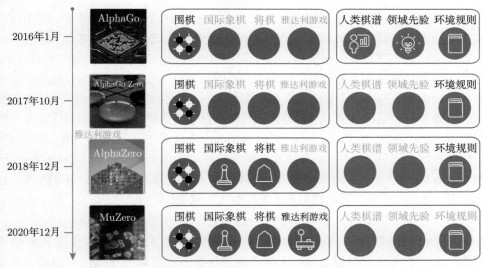

图 3.9　AlphaGo 家族的发展历史及各个版本的特点

3.4.1　AlphaZero 概述

AlphaZero 是 AlphaGo 家族中第一种具备通用人工智能特点的大规模方法。整体上，AlphaZero 继承了 AlphaGo Zero 中的多数方法和特点，具有以下特点。

不再局限于单一棋类 (围棋)，真正意义上做到一个算法能玩多种棋类游戏 (围棋、将棋、国际象棋，且每种棋类单独训练)，并且在上述棋类游戏中超越最先进 (state of the art，SOTA) 的水平。具体地，AlphaZero 在围棋、将棋和国际象棋各 70 万次训练步数中，对应地取得以下 Elo 得分，即在围棋方面，约 8 万步训练超越 AlphaGo Lee，约 50 万步训练超越 AlphaGo Zero；在将棋方面，约

13 万训练步数超越 2017 年 CSA 世界冠军程序 Elmo; 在国际象棋方面, 经过约 30 万步的训练达到 2016 年 TCEC 世界冠军程序 Stockfish, 最终收敛到略优于 Stockfish 的性能。

与 AlphaGo Zero 相比, 为使算法适用于不同游戏场景, AlphaZero 不再使用棋局的对称性来增广数据 (例如, 国际象棋和将棋的游戏规则不具有对称性); 在自我博弈过程中, AlphaGo Zero 中新模型的训练对手是对手池中最优的模型, 只有在胜率超过 55% 时才替换当前模型, 而 AlphaZero 直接使用新模型做对手进行自我博弈; 在超参优化方面, AlphaGo Zero 使用贝叶斯优化方法, 而 AlphaZero 则直接使用 AlphaGo Zero 的超参数、算法设置、网络结构, 并且对各个棋类游戏保持以上设置相同, 只调整探索噪声和学习率。

3.4.2　MuZero 概述

从 21 世纪初的 Deep Blue[17] 到近年来的 AlphaGo 家族[4,11,14,15], 基于树结构的规划方法相继在国际象棋和围棋等极具挑战的领域取得巨大的成功。这些方法的强大性能离不开完美的仿真器, 以实现树搜索过程中的对环境动态的精确预测。因此, 此类方法的应用局限于具有完美仿真器的场景, 成为扩展到实际应用, 以及取得进一步突破的瓶颈。AlphaGo 家族最新成员 MuZero 突破了该限制, 提出使用价值函数等价模型构造学习型模型并替代仿真器, 结合树搜索, 对规划过程中所需的奖赏、价值函数、策略, 以及隐状态 (hidden state) 信息进行递归预测, 实现高效的规划求解。从 AlphaGo 家族的发展线路来看, MuZero[15] 是 AlphaGo Zero[11] 和 AlphaZero[14] 在更为一般设置条件 (不再需要环境的完美仿真器) 下的变种, 也标志着 AlphaGo 家族朝着通用人工智能迈出了重要的一步。

总体而言, MuZero 属于基于模型的强化学习方法（model-based reinforcement learning, MBRL）, 沿用 AlphaZero[14] 中性能强大的树搜索, 以及策略迭代方法, 进一步结合学习型模型, 对树搜索过程所需的信息进行学习和预测。其主体流程是从棋盘或者视频游戏等环境获得环境观测, 输入学习型模型映射为隐状态, 若给定假想动作序列, 该隐状态可递归输入学习型模型中实现迭代更新。如图 3.10 所示, 在该迭代更新的每一步中, 学习型模型输出策略、价值函数、奖赏预测值。其中, 策略用于预测每一次行动采取的动作, 价值函数用于预测累积奖赏或最终胜利玩家, 奖赏预测值为每次行动后的得分。该模型使用树搜索过程产生的改进策略和价值函数, 以及与实际环境交互中获得的奖赏进行监督式的端到端训练。MuZero 利用价值函数等价原理区分和记忆状态, 无须对原始观测所有信息进行精确重构, 可以极大地减少学习型模型记忆和预测的负担。MuZero 在规划过程中产生的隐状态也无须匹配环境的真实状态, 满足其语义上的约束条件。然而, 这些隐状态依然可以表示策略、价值函数和奖赏。直观而言, 这使 MuZero

智能体可以在隐状态构成的空间进行精确地规划。

MuZero 利用上述学习型模型进行规划，走子和训练的过程如下。

① 规划。如图 3.10(a) 所示，给定 $k-1$ 时刻的隐状态 s^{k-1} 和候选动作 a^k，动态函数预测 k 时刻的预测奖赏 r^k 和隐状态 s^k；输入 k 时刻隐状态 s^k，预测函数则输出该隐状态对应的价值函数 v^k 和策略 p^k；表示函数则将过去的观测值 (例如，棋盘的棋局向量或者视频游戏的图像) 映射到初始隐状态 s^0。

② 走子。如图 3.10(b) 所示，在与环境交互的每一时刻 t，MuZero 利用规划步骤中所述的规划进行一次 MCTS。$t+1$ 时刻的动作 a_{t+1} 由树的搜索策略分布 π_t 产生，即树的根节点上每个动作的访问频次经过节点的总访问频次归一化后构成的分布。环境受 $t+1$ 时刻的棋局 o_{t+1} 影响产生新的动作值 a_{t+1} 和真实奖赏 u_{t+1}。在每一局结束时，产生的轨迹数据会被存入经验池，以备训练过程使用。

③ 训练。如图 3.10(c) 所示，MuZero 从经验回放池采样一条轨迹数据。在起始步，取轨迹过去 t 个时刻的观测值 $o_1, o_2, \cdots, o_t$ 输入表示函数，并让学习型模型递归展开 K 次。在展开过程的第 k 步中，动态函数的输入为 $k-1$ 步产生的隐状态，以及真实动作 a_{t+k}。通过预测策略，价值函数和奖赏，动态函数、预测函数和表示函数三部分的模型参数，利用时序反向传播算法实现端到端的联合训练，预测目标分别为 π_{t+k}、z_{t+k} 和 u_{t+k}。其中，z_{t+k} 为采样轨迹的累积奖赏值 (在棋类游戏中对应棋局结束时的奖赏，在雅达利游戏中对应 n 步累积奖赏)。

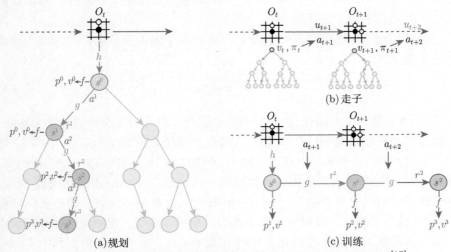

(a)规划　　(b)走子　　(c)训练

图 3.10　MuZero 利用学习型模型进行规划、走子、训练示意图[15]

3.4.3　算法解析

下面展示 MuZero 算法的具体细节。MuZero 的参数化学习型模型 μ_θ (其中模型参数为 θ) 在每一时刻 t 展开 K 次，若记 k 的取值为 $0,1,\cdots,K$，并且顺序标记总数为 K 次展开的每一次。学习型模型的输入为过去所有观测值 $o_1,o_2,\cdots,o_t$，以及对 $k>0$ 的真实动作系列 $a_{t+1},a_{t+2},\cdots,a_{t+k}$，输出策略、价值函数和奖赏预测值，分别逼近产生走子的搜索策略 π、累积奖赏和真实奖赏，即

$$v_t^k \approx E\left(u_{t+k+1} + \gamma u_{t+k+2} + \cdots \mid o_1,\cdots,o_t,a_{t+1},\cdots,a_{t+k}\right) \tag{3.11a}$$

$$p_t^k \approx \pi\left(a_{t+k+1} \mid o_1,\cdots,o_t,a_{t+1},\cdots,a_{t+k}\right) \tag{3.11b}$$

$$r_t^k \approx u_{t+k},\quad k>0 \tag{3.11c}$$

其中，γ 为折扣因子。

MuZero 的学习型模型由相互关联的三部分构成，即动态函数 g、预测函数 f 和表示函数 h。在任意时刻 t，各部分的具体功能描述如下[①]。

① 动态函数是一个递归过程构成的。在 t 时刻，MCTS 展开的第 k 步，输入隐状态 s^{k-1} 和候选动作 a^k，计算奖赏预测值 r^k 和隐状态 s^k。这可以理解为动态函数构建了一个 MDP，即给定状态和动作，构造状态转移计算奖赏的期望值。不同于传统的基于模型的强化学习方法[18]，该隐状态与真实环境状态没有语义关联。隐状态仅用作学习型模型精确预测规划过程中用到的相关信息（策略、价值函数和奖赏预测值）的目的。MuZero 中的动态函数仅限于确定性转移函数的情形，对于随机转移函数则不涉及[②]。

② 预测函数与 AlphaZero[14] 类似，功能在于输入隐状态，对策略和价值函数进行预测，即

$$p^k,v^k = f_\theta(s^k) \tag{3.12}$$

③ 表示函数用于初始化根节点的隐状态 s^0，即将历史观测值映射为隐状态。

给定假想动作系列 $a^1,a^2,\cdots,a^k$，以及真实历史观测 $o_1,o_2,\cdots,o_t$，上述学习型模型可实现在"想象"中规划的能力。例如，利用任意搜索方法在隐状态空间选择 k 个动作构成的系列最大化价值函数。这也是 DeepMind 团队报道 MuZero 研究工作"联结现实和梦境"封面图的由来[19]。此处的"现实"指与实际环境交互的走子阶段，"梦境"指利用学习型模型规划搜索阶段。同时，这种在想象中规划的能力就是使用模型进行规划，使得 MuZero 在不具备完美仿真器的实际应用

① 为使表述清晰，下面出现同一变量，但具有不同上标和下标的情形分别表示搜索过程和实际走子时使用或产生的样本
② 对于确定性情形，MuZero 只需根据动作序列来区分状态，理论和工程实现上都要比随机情形简单得多

中具备巨大潜能。实质上，MuZero 中由动态函数的内部奖赏（internal reward）和隐状态空间构造的 MDP 问题可用任意 MDP 规划算法来求解。MuZero 沿用类似于 AlphaZero 的 MCTS 算法，并进一步扩展到单智能体领域和内部奖赏情形。此处的 MCTS 算法可看作给定历史观测值 $o_1, o_2, \cdots, o_t$ 的前提下，选择动作并预测累积奖赏来优化搜索策略 $\pi_t = P(a_{t+1} \mid o_1, o_2, \cdots, o_t)$ 和搜索价值函数 $v_t^k \approx E[u_{t+1} + \gamma u_{t+2} + \cdots \mid o_1, \cdots, o_t]$ 的过程。在搜索树的任意中间节点，MCTS 利用由 θ 参数化的当前学习型模型产生的策略、价值函数和奖赏预测值，结合前向搜索来改进根节点的搜索策略 π_t 和价值函数 v_t。在下一时刻 $t+1$，智能体与环境交互的实际执行时，动作从搜索策略中采样 $a_{t+1} \sim \pi_t$。

在训练过程中，MuZero 学习型模型的所有参数，包括动态函数、预测函数和表示函数，联合训练以使模型策略、价值函数和奖赏预测值分别精确逼近三个目标，即 MCTS 展开的第 k 步对应的经过 k 个实际时间步所对应的搜索策略、n 步累积奖赏和真实奖赏。下面逐项说明由四个部分组成的 MuZero 的目标损失函数。

① 模型的策略改进。最小化模型输出策略与搜索策略分布之间的距离，这与 AlphaZero 相同。

② 模型的价值函数逼近。与 AlphaZero 相同之处在于，价值函数的逼近目标由智能体使用搜索策略与游戏环境或 MDP 交互产生；不同之处在于，对于一般的 MDP，MuZero 可在长局（long episode）中采用自举法 n-步截断回报 $z_t = u_{t+1} + \gamma u_{t+2} + \cdots + \gamma^{n-1} u_{t+n} + \gamma^n v_{t+n}$ 作为搜索价值函数更新的目标。对于棋类游戏，奖赏只在一局棋结束后产生，棋局结果 {输, 平局, 赢} 对应的奖赏为 $u_t \in \{-1, 0, 1\}$。此时，搜索价值函数的逼近目标为 $z_t = u_T$，其中 T 为棋局结束时刻。因此，目标函数第二部分为最小化模型输出的价值函数 v_t^k 与 n-步截断回报 z_t 之间的误差。

③ 奖赏预测。最小化模型的奖赏预测值 r_{t+k} 与观测到的真实奖赏 u_{t+k} 之间的误差。

④ 正则化项。由正超参数 c 控制的 L2 正则化项。

综上，MuZero 最小化的目标损失函数为

$$l_t(\theta) = \sum_{k=0}^{K} l^p\left(\pi_{t+k}, p_t^k\right) + \sum_{k=0}^{K} l^v\left(z_{t+k}, v_t^k\right) + \sum_{k=1}^{K} l^r\left(u_{t+k}, r_t^k\right) + c\|\theta\|^2 \quad (3.13)$$

其中，l^p、l^v、l^r 为策略、价值函数、奖赏的损失函数。

由 MuZero 分析可知，其性能依旧受限于真实历史观测数量。当环境交互样本不易获得或代价太大时，更是如此。同时，这也是一般深度强化学习方法存在的

通病。Schrittwieser 等[15] 提出改进型算法 MuZero Reanalyze（重采样 Muzero）可以进一步提高 MuZero 的样本利用率。

具体地，在原来 MuZero 的策略改进部分，MuZero Reanalyze 重新采样过去实际走子样本，利用 MuZero 更新后的模型参数再次作前向搜索，产生新的搜索策略更新目标，以期产生更好的策略。从这些新的搜索策略中，选出 80% 作为 MuZero 训练的更新目标，剩下的 20% 使用原始搜索策略。同时，在 MuZero 模型的价值函数逼近中，引入目标网络稳定网络训练，替代 n-步截断回报 z_t 中的 v 值。同时，对一些超参数进行调整。

① 为提升样本的复用率，对每一个状态复用 2 次，对应 MuZero 中的 0.1 次，即样本被采样概率为 0.1。

② 在模型训练的目标函数中，将价值函数部分的目标函数乘以系数 0.25，其余部分的目标函数不变。

③ n-步截断回报中的 n 设为 5，而非 MuZero 中的 $n = 10$。

此后，MuZero 相关工作的最新进展主要如下。

① Grill 等[20] 从策略优化的角度分析，提升 MuZero 在训练前期样本量少时的性能。

② Hubert 等[21] 提出 Sample MuZero，研究 MuZero 在复杂动作分布下的变种，并将其扩展到连续动作问题中。

③ Schrittwieser 等[22] 从离线强化学习的角度出发，从目标回放的角度通过大量实验分析 MuZero Reanalyze 的性能，扩展为具备模仿学习功能的方法，即 MuZero Unplugged。

3.4.4　性能分析

在棋类游戏方面，MuZero 继承或者超越了 AlphaGo 家族在国际象棋、日本将棋和围棋中的不俗性能。限定 100 万训练步数，MuZero 在围棋、国际象棋和将棋中的 Elo 得分表现如下。

① 在围棋中，大约经过 50 万训练步数超越 AlphaZero 的 Elo 得分。

② 在国际象棋中，经过 100 万训练步数与 AlphaZero 性能持平。

③ 在将棋中，经过 100 万训练步数与 AlphaZero 性能持平。

此外，MuZero 也可以用于单智能体领域，例如经典的雅达利游戏。表 3.2 对比了 MuZero 及其改进算法 MuZero Reanalyze 在雅达利游戏中与无模型深度强化学习方法的性能。

以上实验使用的硬件为 3 代谷歌云 TPU，对于每一款棋类游戏，训练和自我博弈过程的 TPU 数量分别为 16 个和 1000 个。对于每一款雅达利游戏，在 200 亿训练步数设置条件下，训练和自我博弈过程的 TPU 数量分别为 8 个和 32

个; 在 2 亿训练步数设置条件下, 训练和自我博弈过程的 TPU 数量分别为 4 个和 2 个。

表 3.2　MuZero 在雅达利游戏中与无模型深度强化学习方法的性能对比 [15]

智能体	中位数 /%	平均值 /%	图像帧数/十亿	训练时间	训练步数/百万
Ape-X [23]	434.1	1695.6	22.8	5 天	8.64
R2D2（recurrent replay distributed DQN, 循环缓存分布式 DQN）[24]	1920.6	4024.9	37.5	5 天	2.16
MuZero	**2041.1**	**4999.2**	20.0	12 小时	1
IMPALA [25]	191.8	957.6	0.2	—	—
Rainbow [26]	231.1	—	0.2	10 天	—
UNREAL [27]	250	880	0.25	—	—
LASER（large scale experience replay, 大尺度缓存池）[28]	431	—	0.2	—	—
MuZero Reanalyze	**731.1**	**2168.9**	0.2	12 小时	1

MuZero 可以看作 AlphaGo Zero[11] 和 AlphaZero[14] 在无仿真器条件下的扩展。

AlphaGo Zero 和 AlphaZero 的规划过程独立使用仿真器和神经网络,其中仿真器用于实现游戏规则, 在遍历搜索树时更新游戏环境的状态, 并利用神经网络对仿真器产生落子位置的策略和价值函数进行联合预测。具体地, AlphaGo Zero 和 AlphaZero 在以下三处用到了游戏规则。

① 搜索树中的状态转移。

② 搜索树每个节点上的可行动作。

③ 对每一局游戏,搜索树的终止条件。

在 MuZero 中, 以上相应信息都被学习型模型作如下替代, 无须仿真器带来的先验知识。

① 状态转移。AlphaZero 使用具有真实动态过程的完美仿真器。相比之下, MuZero 将学习型动态模型嵌入树搜索过程中。搜索树中的每一个节点被相应的隐状态代替。将隐状态 s_{k-1} 和候选动作 a_k 输入模型, 则搜索树可转移至新的节点 $s_k = g(s_{k-1}, a_k)$。

② 可执行动作。AlphaZero 使用从模拟器中获得的一组合法动作来屏蔽搜索树中所有由神经网络产生的先验动作。MuZero 只在可以查询环境的搜索树的根节点处屏蔽合法动作, 但在搜索树中不再使用任何屏蔽操作。网络模型很快就学会不去预测轨迹上从未出现过的动作, 因此是可行的。

③ 终止节点。AlphaZero 在终止状态的树节点上停止搜索。该终止条件使用模拟器提供，而非网络产生的值。MuZero 没有对终止节点进行特殊处理，依旧使用网络预测的值。在树内部，搜索可以通过终止节点继续进行。此时，网络总是输出相同的预测值。这是通过在训练期间将终止状态作为吸收状态来实现的。

此外，MuZero 可以解决更广泛的强化学习问题，即折扣累积奖赏下的单智能体强化学习问题。相比之下，AlphaGo Zero 和 AlphaZero 仅适用于无折扣且终止奖赏为 $+1/-1$ 的两人博弈问题。

3.5   AlphaStar

2019 年 10 月 30 日，AlphaStar[29] 的论文发表在 *Nature* 上。这是深度强化学习在博弈问题上的重大突破，利用多智能体博弈的种群方法解决不完全信息即时策略游戏问题。AlphaStar 在没有任何限制的情况下，在采取与人类相同频率的操作时可以达到天梯对战的宗师级水平，在欧洲服务器天梯上的排名超过 99.8% 的玩家。本节先介绍强化学习解决星际争霸的重要研究意义，然后介绍 AlphaStar 的具体实现方法。

3.5.1   星际争霸研究意义

星际争霸[30] 是史上电子竞技的先驱，历时超过 20 年时间。如此经久不衰的原因来自丰富的游戏机制，以及精妙的博弈平衡。2017 年，研究人员认为星际争霸相比围棋更具有挑战性，主要包含以下几点。

① 博弈空间巨大。星际争霸具有丰富的策略博弈过程，没有单一的最佳策略。因此，智能体需要不断探索，并根据实际情况谨慎选择对局策略。由于博弈过程的不稳定，智能体可能陷入局部最优解或者低水平的策略对抗过程。

② 非完全信息。战争迷雾和镜头限制使玩家不能实时掌握全场局面信息和迷雾中的对手策略。非完全的局部信息会进一步导致值估计的非稳定，增加策略训练的难度。

③ 长期规划。与国际象棋和围棋等不同，星际争霸的因果关系并不是实时的，早期不起眼的失误可能会在关键时刻暴露。

④ 实时决策。星际争霸的玩家随着时间的推移会不断根据实时情况进行决策动作。

⑤ 巨大动作空间。必须实时控制不同区域下的数十个单位和建筑物，并且可以组成数百个不同的操作集合。因此，由小决策形成的可能组合动作空间巨大。

⑥ 三个不同种族。不同种族的宏机制对智能体的泛化能力提出挑战。

AlphaStar 在 2019 年 1 月与职业玩家进行比赛并进行了直播,在无观测限制、无操作限制、同族对抗的情况下取得胜利。虽然 AlphaStar 在 2019 年 1 月就取得佳绩,但是在比赛过程中仍然暴露出策略鲁棒性差、战术单一等问题。文献 [29] 中 AlphaStar 版本的策略更加鲁棒多变,相较 1 月份的版本有如下主要不同。

① AlphStar 操作约束和人类相同,包括局部视野、操作频率限制。

② 在 1 对 1 匹配中适应三大种族,三个种族分别有一套单独的神经网络。

③ 训练过程全自动化,并且从监督学习开始训练,而不是之前训练好的智能体。

④ AlphaStar 在天梯上进行了比赛,所有比赛条件与人类相同。

3.5.2　算法概述

AlphaStar 由智能体、单智能体训练、联盟训练三个部分组成。智能体通过观测可见范围的地图,以及所有可见单位的列表信息。输出执行命令的单位、执行的命令类型、执行的目标和执行的时间。根据环境的要求,智能体输出的动作会有时间限制。

如图 3.11 所示,智能体的训练过程通过监督学习和强化学习共同完成。在监督学习部分,智能体要优化动作分布和人类玩家采样分布之间的误差。人类数据

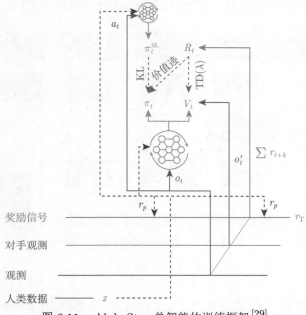

图 3.11　AlphaStar 单智能体训练框架[29]

通过统计变量 z 进行计算，智能体的采样结果会被收集到经验回放池中进行强化学习。

联盟是包含三种不同智能体的一个池子，用来进行多智能体强化学习。每种类型的智能体都是通过监督学习进行初始化的，并通过强化学习进一步优化。在训练过程中，这些智能体会被复制一份，作为一个可被选择的玩家放进联盟中进行训练。主要智能体需要击败所有的联盟当中的智能体，包括它们自己。联盟陪练需要击败所有的历史智能体。主智能体陪练则是要击败当前的智能体。当陪练智能体能够击败对象时，就会被复制进联盟，同时重新通过监督学习初始化。

3.5.3 算法解析

1. 网络框架

AlphaStar 的智能体是一个随机策略智能体 π_θ，通过一个循环神经网络（recurrent neural network, RNN）LSTM[31] 进行前馈推理。图 3.12 展示了 AlphaStar 的网络框架，包含指针网络[32]、跳跃连接、变形网络[33] 等。输出动作通过多次全连接，分阶段输出执行类型、是否延迟、执行单位、执行目标、执行位置等。智能体通过输入当前时刻的观测和上一时刻的动作作为状态信息，以及采样的人类数据分布 z 作为联合输入，输出一组当前步下的动作分布。训练框架内还包含一个值估计网络，可以输入其他智能体的信息进行联合估计。完整的训练框架总体包含 13900 万参数，但是只有 5500 万的参数会在执行时用到。

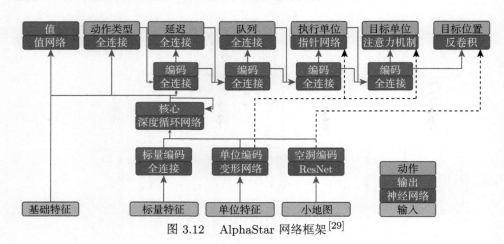

图 3.12　AlphaStar 网络框架[29]

2. 模仿学习

星际争霸游戏中的智能体在每一步都有 10^{26} 种可能的动作选择，构成一个巨大的动作空间。一局游戏需要进行数千次动作，形成一个稀疏奖赏问题。面对庞大的动作空间，现有的大部分训练方法都会失效。AlphaStar 的单智能体部分对稀疏奖赏和巨大动作空间问题采用基于监督学习的解决方案。所有的智能体都是通过监督学习人类的经验进行初始化。

为了使智能体在初始化时有足够的多样性，AlphaStar 建立了一个隐变量 z 对玩家的开局动作进行编码。每一个智能体都对应一个隐编码量。为了在训练的过程当中保证联盟内的智能体策略有足够的多样性。AlphaStar 的主要智能体会被随机输入一个采样的编码，并要求输出结果尽可能与监督学习的结果相似。AlphaStar 的智能体在训练过程中通过蒸馏的形式学习人类的策略进行探索。以上方式使 AlphaStar 能够在单一网络当中体现出多种策略，而又不会漫无目的探索，导致策略崩塌。

3. 强化学习

星际争霸 II 的采样过程非常慢，因此采样策略和训练策略往往不是同一个策略，而是采用异策略方法进行训练。研究人员为了提升学习的效率，引入一些值估计的自举方式对异策略的估值进行修正。修正的方法包括 V-Trace（价值迹）和 TD(λ)。当采用这两种方法的时候，异策略学习的算法可能导致算法的策略收敛过快。为了防止这种事情的发生，各层动作可独立训练。为了减少非完全信息导致的值估计不稳定，采用对手的观测作为输入来稳定值估计函数。

得到稳定的值估计函数之后，算法采用自举策略更新，通过下式对策略进行更新，即

$$\rho_t(G_t^U - V_\theta(s_t, z))\nabla_\theta \log \pi_\theta(a_t|s_t, z) \tag{3.14}$$

G_t^U 的取值遵循如下规则，即当 $Q(s_{t+1}, a_{t+1}, z) \geqslant V_\theta(s_{t+1}, z)$ 时，$G_t^U = r_t + G_{t+1}^U$；否则，$G_t^U = r_t + V_\theta(s_{t+1}, z)$。其中，$Q(s_t, a_t, z)$ 为动作价值函数的估计；$\rho_t = \min\left(\dfrac{\pi_\theta(a_t|s_t, z)}{\pi_{\theta'}(a_t|s_t, z)}, 1\right)$ 为截断重要性系数；$\pi_{\theta'}$ 为采样时的策略。

当状态动作值估计高于状态值估计时，自举策略更新直接跳过当前状态值，采用下一个状态的估计值进行反传。

4. 联盟

AlphaGo、AlphaGo Zero 的成功表明，自我博弈可以使智能体从零开始学习，逐步精通游戏。然而，自我博弈依然存在缺点。它很容易忘记先前策略，没有沿着先前的策略进一步地优化，而是单纯地从一种策略转向另一种策略。这种如同衔尾蛇的循环，导致智能体策略难以取得真正的提升。在虚拟自我博弈中，智能体会保存之前所有的最优策略，并对过往的策略进行学习以避免策略遗忘。训练过程中发现，尽管采用虚拟自我博弈的 AlphaStar 的微操非常精确，但是难以探

索新颖的战术。另外，由于游戏的多层次性，不同策略提升的成本不同。这些不同的战术在博弈过程中具有相互制约的特点。因此，智能体总会趋于选择最容易提升的战术，放弃或遗忘那些难以训练的战术。

如图 3.13 所示，AlphaStar 提出多智能体联盟的策略。其核心是对不同智能体设置不同的训练目标来提升整个联盟的水平。AlphaStar 在联盟中增加陪练智能体，目的就是寻找当前主智能体的缺点。主智能体会持续的采用强化学习进行优化。陪练及联盟陪练在实现目标后会保存，用人类数据重新初始化。通过陪练，迫使智能体练习难以提升的战术。训练这些陪练并加入整个联盟当中，相当于增加了制衡当前主智能体的最优策略。这种方法将过往的虚拟自我博弈方法变为动态的多智能体博弈问题。通过陪练和联盟陪练，整个联盟的智能体在端到端的全自动化训练过程中不断提升水平，并学习到尽可能多的策略。

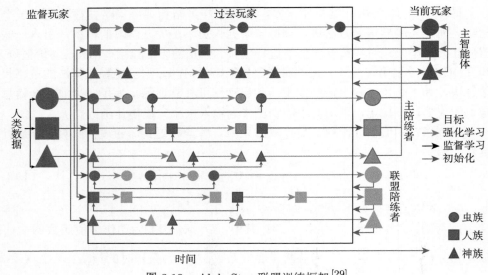

图 3.13   AlphaStar 联盟训练框架[29]

3.5.4 性能分析

AlphaStar 性能消融实验如图 3.14 所示，展现了创新点对于最终训练性能的影响。其中突出的技术包括人类数据初始化、多智能体训练、变形网络、对手信息等。图 3.15 为训练过程，总计 44 日，随着训练的进行，联盟中的策略逐步完善。图中的每一个点都代表一个智能体。每一个智能体会通过 80~160 场比赛验证和计算其在当前联盟中的分数位置。这种验证方式会随着训练的进行越来越稳定，说明整个联盟对从未见过的策略愈发稳定。随着训练的进行，后续智能体能够完胜之前的智能体而不会出现遗忘问题。

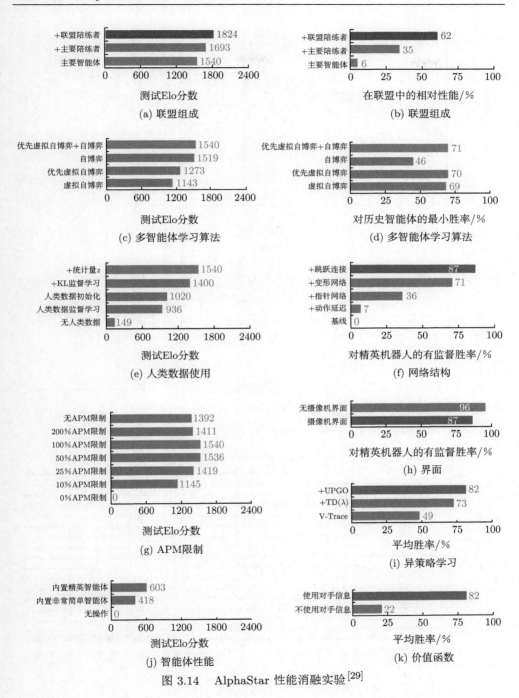

图 3.14　AlphaStar 性能消融实验[29]

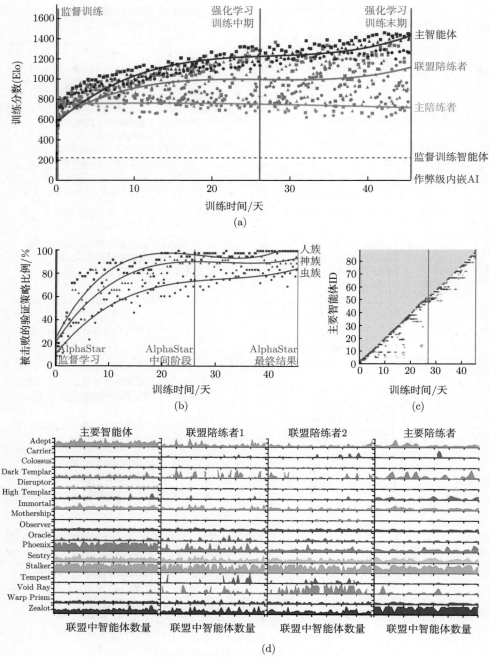

图 3.15　AlphaStar 训练过程[29]

如图 3.16 所示，AlphaStar 在硬件资源上也需要相应的支撑。每一个智能体都需要 128 个 TPU 进行学习与更新。智能体权重会分配给 16 个执行器。每个执行器能够携带相当于 150 个 28 核心 CPU 处理器的算力。16 个执行器根据比赛的队列信息进行总计 16000 场比赛。总共有 12 个智能体进行采样和学习共同维护联盟。

综合所有技术方案，AlphaStar 的论文版本取得了惊人的效果。在欧洲服务器上，监督学习的智能体达到前 16% 人类玩家的水平，而学到一半的智能体达到前 0.5% 的水平，训练完成的智能体达到前 0.15% 的水平。

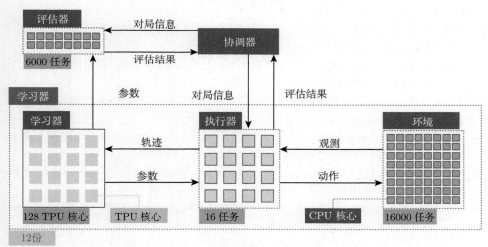

图 3.16　AlphaStar 单智能体设备支持[29]

3.6　本 章 小 结

近年来，DeepMind 团队提出的 Alpha 算法系列——AlphaGo、AlphaGo Zero、AlphaZero、MuZero、AlphaStar，摘取了完全信息的围棋和不完全信息的星际争霸游戏人工智能的"明珠"。他们创造性地提出深度强化学习和 MCTS 相结合的系列方法，借助强大的硬件计算能力和大量样本，完成了这些突破性成果。

本章首先对 AlphaGo 进行概述，总结计算机围棋的发展历史与现状，分析 AlphaGo 的原理和性能，并给出评价。AlphaGo Zero 摒弃了人类的围棋棋谱，从零开始学习。本章深入分析了其深度神经网络结构和 MCTS 算法，给出训练流程，并讨论其成功的原因。AlphaZero 和 MuZero 回答了更为通用的人工智能的问题。本章给出了 AlphaZero 的简要介绍，然后通过算法解析、性能分析，以及与 AlphaZero 的对比三方面入手，深度解读了可以同时下棋和打游戏的 MuZero，并给出 MuZero 相关工作的最新进展。最后，介绍面向多智能体即时策略游戏星际争霸的重大成果 AlphaStar，分别从智能体框架、学习方法和性能分析等方面进行总结。

　　DeepMind 团队在人工智能领域取得的突破性进展对各学科领域的发展都起到了非常好的引领作用。我们认为这只是开始，人们对更高效、更泛化、更智能的人工智能算法的探索并不会止步于此，更多的遐想正在逐渐展开、助力塑造美好的未来。

参 考 文 献

[1] 赵冬斌, 邵坤, 朱圆恒, 等. 深度强化学习综述: 兼论计算机围棋的发展. 控制理论与应用, 2016, 33(6): 701-717.

[2] 唐振韬, 邵坤, 赵冬斌, 等. 深度强化学习进展: 从 AlphaGo 到 AlphaGo Zero. 控制理论与应用, 2017, 34(12): 1529-1546.

[3] Mnih V, Kavukcuoglu K, Silver D, et al. Human-level control through deep reinforcement learning. Nature, 2015, 518(7540): 529-533.

[4] Silver D, Huang A, Maddison C J, et al. Mastering the game of Go with deep neural networks and tree search. Nature, 2016, 529(7587): 484-489.

[5] Cai X, Wunsch D C. Computer Go: A grand challenge to AI //Challenges for Computational Intelligence, 2007: 443-465.

[6] Kocsis L, Szepesvári C. Bandit based Monte Carlo planning //European Conference on Machine Learning, 2006: 282-293.

[7] Tian Y, Zhu Y. Better computer Go player with neural network and long-term prediction //International Conference on Learning Representations, 2016: 1-10.

[8] Tian Y. A simple analysis of AlphaGo. Acta Automatica Sinica, 2016, 42(5): 671-675.

[9] 郑宇, 张钧波. 一张图解 AlphaGo 原理及弱点. http://www.kddchina.org/#/Content/alphago [2016-12-3].

[10] Huang S J. The strategies for Ko fight of computer Go. http://rportal.lib.ntnu.edu.tul/ items/fb14a831-81ec-4e41-b500-606eac84bef4 [2021-11-4].

[11] Silver D, Schrittwieser J, Simonyan K, et al. Mastering the game of Go without human knowledge. Nature, 2017, 550(7676): 354-359.

[12] He K, Zhang X, Ren S, et al. Deep residual learning for image recognition //IEEE Conference on Computer Vision and Pattern Recognition, 2016: 770-778.

[13] Ioffe S, Szegedy C. Batch normalization: Accelerating deep network training by reducing internal covariate shift //International Conference on Machine Learning, 2015: 448-456.

[14] Silver D, Hubert T, Schrittwieser J, et al. A general reinforcement learning algorithm that masters Chess, Shogi, and Go through self-play. Science, 2018, 362(6419): 1140-1144.

[15] Schrittwieser J, Antonoglou I, Hubert T, et al. Mastering Atari, Go, Chess and Shogi by planning with a learned model. Nature, 2020, 588(7839): 604-609.

[16] Grimm C, Barreto A, Singh S, et al. The value equivalence principle for model-based reinforcement learning// Advances in Neural Information Processing systems, 2020: 5541-5552.

[17] Campbell M, Hoane J A J, Hsu F H. Deep Blue. Artificial Intelligence, 2002, 134(1-2): 57-83.

[18] Sutton R S, Barto A G. Reinforcement Learning: An Introduction. Cambridge: MIT, 2018.

[19] Julian S, Ioannis A, Thomas H, et al. MuZero: Mastering Go, Chess, Shogi and Atari without rules. https://deepmind.com/blog/article/muzero-mastering-go-chess-shogi-and-atari-without-rules [2020-9-10].

[20] Grill J B, Altché F, Tang Y, et al. Monte-carlo tree search as regularized policy optimization //International Conference on Machine Learning, 2020: 3769-3778.

[21] Hubert T, Schrittwieser J, Antonoglou I, et al. Learning and planning in complex action spaces// Proceedings of the 38th International Conference on Machine Learning, 2021: 4476-4486.

[22] Schrittwieser J, Hubert T, Mandhane A, et al. Online and offline reinforcement learning by planning with a learned model. Advances in Neural Information Processing Systems, 2021, 34: 27580-27591.

[23] Horgan D, Quan J, Budden D, et al. Distributed prioritized experience replay// International Conference on Learning Representations, 2018: 1-11.

[24] Kapturowski S, Ostrovski G, Quan J, et al. Recurrent experience replay in distributed reinforcement learning //International Conference on Learning Representations, 2018: 1-14.

[25] Espeholt L, Soyer H, Munos R, et al. Impala: Scalable distributed deep-RL with importance weighted actor-learner architectures //International Conference on Machine Learning, 2018: 1407-1416.

[26] Hessel M, Modayil J, van Hasselt H, et al. Rainbow: Combining improvements in deep reinforcement learning //Proceedings of the AAAI Conference on Artificial Intelligence, 2018: 1-12.

[27] Jaderberg M, Mnih V, Czarnecki W M, et al. Reinforcement learning with unsupervised auxiliary tasks. International Conference on Learning Representations, 2017: 1-10.

[28] Schmitt S, Hessel M, Simonyan K. Off-policy actor-critic with shared experience replay //International Conference on Machine Learning, 2020: 8545-8554.

[29] Vinyals O, Babuschkin I, Czarnecki W M, et al. Grandmaster level in StarCraft II using multi-agent reinforcement learning. Nature, 2019, 575(7782): 350-354.

[30] Tang Z, Shao K, Zhu Y, et al. A review of computational intelligence for StarCraft AI //IEEE Symposium Series on Computational Intelligence, 2018: 1167-1173.

[31] Hochreiter S, Schmidhuber J. Long short-term memory. Neural Computation, 1997, 9(8): 1735-1780.

[32] Vinyals O, Fortunato M, Jaitly N. Pointer networks. Advances in Neural Information Processing Systems, 2015: 1-9.

[33] Vaswani A, Shazeer N, Parmar N, et al. Attention is all you need. Advances in Neural Information Processing Systems, 2017: 1-11.

第 4 章　两人零和马尔可夫博弈的极小化极大 Q 网络算法

4.1　引　言

MDP 是描述智能体与环境之间交互过程的常用工具[1]。近些年,基于马尔可夫决策的强化学习方法得到全面发展,主要解决单智能体的最优决策问题[2]。但是,对于许多实际场景,在同一环境中存在不止一个智能体,这些智能体会共同影响整个环境的演化。马尔可夫博弈将马尔可夫决策扩展到多智能体场景,其中多个智能体会作出一系列决策动作来最大化共同或个人的利益[3-5]。

两人零和马尔可夫博弈是马尔可夫博弈的一个特例[6],涉及两个兴趣完全相反的玩家,它们具有相同的奖赏函数,但是一个玩家旨在最大化未来累积奖赏,而另一个玩家则试图将其最小化[7]。在回合制博弈中,玩家必须要一个接一个地作出决策,所以一方总是知道另一方的动作。MCTS 是常见的一种求解方法[8],与深度强化学习的结合已经击败了人类职业玩家[9],以及其他最强的 AI 系统[10]。与回合制博弈相反,同时博弈要求双方同时作出决策,因此玩家不知道对手在采取什么动作,博弈策略也变得更加复杂且难以预测。我们在本章要研究的就是这类同时博弈的问题。

纳什均衡[11] 作为博弈论的一个重要概念,指的是处于均衡点时任何玩家对策略的改变都会损害自己的利益。特别是,对于两人零和马尔可夫博弈,纳什均衡代表玩家在面对最坏对手时所能获得的最高收益,因此每个玩家都期望找到纳什均衡策略。求解纳什均衡的关键在于求解一个极小化极大优化对应的线性规划问题,需要考虑一方玩家的随机策略集合,以及另一方玩家的动作集合。

近年来,深度强化学习在复杂决策问题上取得巨大的成功[12],但主要侧重于单智能体的 MDP[13,14]。自我博弈是将现有算法扩展到零和博弈的一种简单有效的方法,其主要思想是让智能体在自我博弈过程中学习具有竞争力的策略。基于自我博弈的成功案例包括早期的 TD-Gammon[15] 和近期的 AlphaGo[9]。但是,一些研究表明[16],直接使用自我博弈并不能保证收敛结果,原因是动态变化的对手策略会导致智能体不断更改策略,从而陷入策略循环的困境。

本章介绍的极小化极大 Q 网络(minimax Q network,M2QN)算法,能够在不需要模型的前提下通过在线学习找到两人零和马尔可夫博弈的纳什均衡解[17]。

M2QN 算法源于广义策略迭代（generalized policy iteration，GPI），通过与 Q 函数和神经网络结合，解决大规模状态空间的决策问题。算法使用博弈数据在线训练神经网络的权重，使用经验回放技术提高数据利用率。根据随机逼近理论，我们给出算法在查表法下的收敛定理。相比自我博弈，M2QN 算法具有收敛到纳什均衡解的理论基础，同时适用于对称和非对称的博弈问题。

4.2　两人零和马尔可夫博弈的基本知识

4.2.1　两人零和马尔可夫博弈

两人零和马尔可夫博弈问题可以用 6 元组 $\{S, A, O, P, R, \gamma\}$ 表示[18]，其中 S 表示状态集，A 表示一个玩家的动作集，O 表示另一个玩家的动作集，P 表示状态转移函数，R 表示回报函数，$\gamma \in (0, 1)$ 表示折扣因子。两个玩家在每一个时刻需要同时决策，并执行他们选择的动作。新状态的概率分布由 $P(s_{t+1}|s_t, a_t, o_t)$ 决定，同时环境会反馈奖赏信号 $r_{t+1} = R(s_t, a_t, o_t)$。两个玩家的利益是完全相反的，其中一个玩家的目标是最大化未来累积奖赏回报，即

$$J(s_0) = \sum_{t=0}^{\infty} \gamma^t r_{t+1} \tag{4.1}$$

另一个玩家的目标是最小化上述回报。为了方便表述，我们统一将最大化回报的玩家称为我方，最小化回报的玩家称为对手。我方玩家会根据 $a_t \sim \pi_t(s_t)$ 选择动作，对手玩家会根据 $o_t \sim \mu_t(s_t)$ 选择动作。$\pi = \{\pi_0, \pi_1, \cdots\}$ 和 $\mu = \{\mu_0, \mu_1, \cdots\}$ 分别构成我方和对手的策略。

4.2.2　纳什均衡或极小化极大均衡

在马尔可夫博弈中，玩家的回报取决于其他玩家的行为，因此没有任何一个玩家的策略是绝对最优的。两人零和马尔可夫博弈总是存在纳什均衡解，也称极小化极大解，满足

$$J(s_0; \pi^*, \mu^*) = \max_{\pi} \min_{\mu} J(s_0; \pi, \mu) = \min_{\mu} \max_{\pi} J(s_0; \pi, \mu) \tag{4.2}$$

纳什均衡代表玩家在面对最坏对手时能够获得的最大收益。当对手策略未知，或者对手是一个具有学习能力的智能体时，纳什均衡是我们的主要求解目标。

4.2.3　极小化极大价值和极小化极大方程

我们集中考虑静态策略，即 $\pi : S \to A$ 和 $\mu : S \to O$。极小化极大价值代表纳什均衡解上的期望收益，即 $V^*(s) = E[J(s; \pi^*, \mu^*)]$。根据最优性原理，$V^*$ 满

足贝尔曼极小化极大方程，即

$$V^*(s) = \max_{\pi(s) \in \Pi} \min_{o \in O} \sum_{a \in A} \pi(a|s) \left(R(s,a,o) + \gamma \sum_{s' \in S} P(s'|s,a,o) V^*(s') \right) \tag{4.3}$$

其中，$\pi(s)$ 为给定 s 时的动作概率分布；Π 为所有动作概率分布的集合。

　　并非所有的有限博弈都具有确定性的纳什均衡策略，相反有些博弈仅具有随机的纳什均衡策略。确定性策略可以视为随机策略的特例，因此式 (4.3) 在计算最大化时考虑动作概率分布，而不是确定性的动作。在计算最小化时，式 (4.3) 是在对手动作集 O 中寻找使结果最小的确定性动作。这是因为一旦确定一个玩家的策略，两人零和马尔可夫博弈就变成一个单智能体的 MDP，而确定性策略足以表示最优策略[19,20]。

　　两人零和马尔可夫博弈的极小化极大状态动作价值函数，也称极小化极大 Q 函数，可以表示为

$$Q^*(s,a,o) = R(s,a,o) + \gamma \sum_{s'} P(s'|s,a,o) V^*(s') \tag{4.4}$$

相应地

$$V^*(s) = \max_{\pi(s) \in \Pi} \min_{o \in O} \sum_{a \in A} \pi(a|s) Q^*(s,a,o) \tag{4.5}$$

因此，极小化极大 Q 函数的贝尔曼极小化极大方程满足

$$Q^*(s,a,o) = R(s,a,o) + \gamma \sum_{s'} P(s'|s,a,o) \max_{\pi} \min_{o'} \sum_{a'} \pi(a'|s') Q^*(s',a',o') \tag{4.6}$$

　　根据 Shapley 理论[21]，式 (4.6) 存在唯一解 Q^*。

4.2.4　线性规划求解极小化极大解

　　由 Q^* 获得纳什均衡策略 π^* 的过程可表示为

$$\pi^*(s) = \arg\max_{\pi} \min_{o} \sum_{a} \pi(a|s) Q^*(s,a,o) \tag{4.7}$$

　　式 (4.6) 和式 (4.7) 都包含对 π 的极小化极大优化，对应的线性规划为

$$\begin{aligned} \max \; & c \\ \text{s.t.} \; & \sum_{a} p(a) Q^*(s,a,o) \geqslant c, \quad o \in O \\ & \sum_{a} p(a) = 1 \\ & p(a) \geqslant 0, \quad a \in A \end{aligned} \tag{4.8}$$

线性规划的最优解 $p(a)$ 表示给定 s 时，极小化极大策略的动作分布 $\pi^*(a|s) = p(a)$，最优目标 c 等于 $\max\limits_{\pi}\min\limits_{o}\sum\limits_{a}\pi(a|s)Q^*(s,a,o)$。我们统一使用 $\pi = G(Q)$ 表示在给定 Q 时，线性规划的最优解。

4.3　动态规划求解贝尔曼极小化极大方程

在现有文献中，动态规划被广泛用于 MDP 的贝尔曼最优方程求解。我们同样可以使用动态规划求解两人零和马尔可夫博弈。首先，定义如下两个运算符，即

$$[T(Q)](s,a,o) = R(s,a,o) + \gamma\sum_{s'}P(s'|s,a,o)\max_{\pi}\min_{o'}\sum_{a'}\pi(a'|s')Q(s',a',o')$$
(4.9)

$$[T_{\pi}(Q)](s,a,o) = R(s,a,o) + \gamma\sum_{s'}P(s'|s,a,o)\min_{o'}\sum_{a'}\pi(a'|s')Q(s',a',o') \quad (4.10)$$

其中，运算符 T 在计算下一时刻价值时，使用极小化极大优化；运算符 T_{π} 在计算下一时刻价值时，考虑我方使用策略 π，以及对手选择最小化的动作。

式 (4.10) 等价于对手玩家在最小化时的贝尔曼最优方程。根据式 (4.9) 和式 (4.10) 的定义，T 和 T_{π} 满足如下属性。

① T 和 T_{π} 是单调且 γ 收缩的。

② T 和 T_{π} 分别拥有唯一的固定点。

其中，单调且 γ 收缩属性可由数学推导证明；唯一固定点属性遵循 Shapely 理论和贝尔曼最优理论。

4.3.1　值迭代

值迭代首先定义初始函数 Q_0，然后基于 T 迭代生成一组 Q 函数，即

$$Q_{i+1} = T(Q_i)$$
(4.11)

根据 γ 收缩属性和固定点属性，我们能够证明值迭代生成的 Q 函数序列收敛到 Q^*[18]。

4.3.2　策略迭代

策略迭代包括策略评估和策略提升两个步骤。首先，定义我方的初始策略 π_0，然后交替迭代如下两个步骤，产生一系列的策略 $\{\pi_i\}$。

① 策略评估。对 $Q_{\pi_i} = T_{\pi_i}(Q_{\pi_i})$，求解 Q 函数 Q_{π_i}。

② 策略提升。根据 $\pi_{i+1} = G(Q_{\pi_i})$，生成新的策略 π_{i+1}。

在步骤①中,求解 Q_{π_i} 等价于求解当我方玩家使用固定策略 π_i 时,对手 MDP 的贝尔曼最优方程, 因此 Q_{π_i} 表示在面对最坏对手时的 Q 值。由 G 的定义推出 $T_{\pi_{i+1}}(Q_{\pi_i}) \geqslant T_{\pi}(Q_{\pi_i}), \forall \pi$。令 $\pi = \pi_i$,可得

$$T_{\pi_{i+1}}(Q_{\pi_i}) \geqslant T_{\pi_i}(Q_{\pi_i}) = Q_{\pi_i} \tag{4.12}$$

利用 $T_{\pi_{i+1}}$ 的单调属性,在式 (4.12) 两端重复使用 $T_{\pi_{i+1}}$ 可得

$$(T_{\pi_{i+1}})^{\infty}(Q_{\pi_i}) \geqslant Q_{\pi_i} \tag{4.13}$$

其中, $(T_{\pi_{i+1}})^{\infty}(Q_{\pi_i})$ 代表对手 MDP 的值迭代,结果收敛到 $Q_{\pi_{i+1}}$。

在任意 i 下,式 (4.13) 等价于 $Q_{\pi_{i+1}} \geqslant Q_{\pi_i}$,因此策略迭代生成的 $\{Q_{\pi_i}\}$ 是一个单调递增的序列,最终收敛到 Q^*。相应的策略序列收敛到 π^*,即 $\lim\limits_{i \to \infty} \pi_i = \pi^*$。

4.3.3　广义策略迭代

值迭代的每一次迭代可拆分成如下两个步骤。

① $\pi_{i+1} = G(Q_i)$。

② $Q_{i+1} = T_{\pi_{i+1}}(Q_i)$。

相应地,策略迭代的每一次迭代可调整为如下两个步骤。

① $\pi_{i+1} = G(Q_{\pi_i})$。

② $Q_{\pi_{i+1}} = (T_{\pi_{i+1}})^{\infty}(Q_{\pi_i})$。

因此,值迭代与策略迭代的区别在于步骤②执行运算符 $T_{\pi_{i+1}}$ 的次数。在值迭代中, $T_{\pi_{i+1}}$ 只执行一次,而在策略迭代中, $T_{\pi_{i+1}}$ 执行无限次。尽管值迭代每一次迭代的计算量更少,但是策略迭代具有更少的迭代次数。

在值迭代和策略迭代之间,存在第三种广义策略迭代,可看作对前两种方法的泛化。广义策略迭代包括如下两个步骤。

① 策略提升: $\pi_{i+1} = G(Q_i)$。

② 策略评估: $Q_{i+1} = (T_{\pi_{i+1}})^n(Q_i)$。

其中, n 表示内部的评估迭代次数。

步骤②的评估结果不会收敛到真实的 $Q_{\pi_{i+1}}$,只会得到一个大致的 Q_{i+1}。在下一代,步骤①根据 Q_{i+1} 生成一个新的策略。当 $n=1$ 时,广义策略迭代变为值迭代。当 $n \to \infty$ 时,广义策略迭代变为策略迭代。通过选择适当的 n 值,广义策略迭代能够在较少计算量的值迭代和更快收敛速度的策略迭代之间达到某种平衡。

4.4 极小化极大 Q 网络算法

动态规划提供解决两人零和马尔可夫博弈纳什均衡的基本方法，但是依赖动力学模型，因此仅在小规模问题上可行。现实世界的博弈问题往往状态空间巨大，系统动力学未知，因此动态规划方法很难适用。近些年，深度强化学习的发展，尤其是 DQN[13] 的成功，为 MDP 中类似的问题提供了解决方案。受此启发，我们引入神经网络近似两人零和马尔可夫博弈中的 Q 函数。由于广义策略迭代概括了值迭代和策略迭代，因此我们在广义策略迭代框架下研究 Q 函数神经网络的在线学习。基于小批量训练、经验回放，以及目标网络技术，训练神经网络权重达到纳什均衡。

4.4.1 Q 函数神经网络

Q 函数的神经网络以博弈状态为输入，以我方和对手每个动作对的 Q 值为输出。神经网络用 $q(s, a, o|\theta)$ 表示，其中 θ 表示权重。在广义策略迭代中，假设在第 $i-1$ 次迭代获得 Q 函数的神经网络，权重用 θ_{i-1} 表示。策略提升步骤产生策略 $\pi_i(s) = [G(q(\theta_{i-1}))](s)$。在第 i 次迭代开始时，初始化 $\theta_{i,0} = \theta_{i-1}$，对 π_i 作策略评估。在策略评估的第 j 次内部迭代，从空间 $S \times A \times O$ 采样 m 个样本用于 Q 函数神经网络的更新。Q 函数神经网络的目标值和损失函数定义为

$$y_k = \left[T_{\pi_i}(q(\theta_{i,j-1})) \right](s_k, a_k, o_k)$$
$$L(\theta) = \frac{1}{2m} \sum_k \left(q(s_k, a_k, o_k|\theta) - y_k \right)^2 \tag{4.14}$$

通过监督学习训练网络权重，可以实现对目标值的最佳匹配，即

$$\theta_{i,j} = \arg\min_\theta L(\theta) \tag{4.15}$$

然后，继续第 $j+1$ 次内部迭代更新。在 n 次内部迭代后，将 $\theta_i = \theta_{i,n}$ 作为对 π_i 的策略评估结果，开始下一次广义策略迭代。

4.4.2 在线学习

当模型不可知时，智能体必须在与环境交互过程中收集在线观测数据，以便用于策略的学习。在 MDP 中，DQN 将经验回放和目标网络技术结合，提高深度网络的在线训练稳定性和数据利用率[13]。受 DQN 启发，我们提出 M2QN 算法，采用神经网络、经验回放、目标网络技术，学习两人零和马尔可夫博弈的纳什均衡策略。

算法 4.1 描述了 M2QN 算法的学习过程。在广义策略迭代方法框架下，θ_{eval} 代表 Q_{i-1} 的神经网络权重，π_{eval} 代表评估策略 $\pi_{\mathrm{eval}} = G(q(\theta_{\mathrm{eval}}))$，$\theta_{\mathrm{target}}$ 代表上一次内部迭代的 $Q_{i,j-1}$ 所使用的神经网络权重，θ_t 代表当前代的 $Q_{i,j}$ 使用的神经网络权重。我们根据 θ_{target} 计算当前代 $Q_{i,j}$ 的目标值，并由经验池 D 提供小批量的数据，对当前 θ_t 进行梯度下降训练。然后，每隔 T 次的在线时刻训练，使用 θ_{t+1} 更新替换目标 θ_{target}。在目标网络更新 n 次后，结束当前代的策略评估，并将 θ_{t+1} 更新替换 θ_{eval}。最后，算法在最新的网络权重下继续运行。

算法 4.1 M2QN 算法

1: 初始化 θ_0、$\theta_{\mathrm{eval}} = \theta_0$、$\theta_{\mathrm{target}} = \theta_0$，初始化状态分布 d，经验池 $D = \emptyset$，目标更新频率 T 和内部迭代次数 n

2: 初始化 $t = 0$ 时的状态 $s_0 \sim d$

3: **for** $t = 0, 1, \cdots$ **do**

4: 　　构造 $\pi_t(s_t) = G(q(s_t|\theta_t))$，根据 ϵ-贪心策略选择我方动作，以 $1 - \epsilon_t$ 的概率选择 $a_t \sim \pi_t(s_t)$，ϵ_t 的概率选择随机动作

5: 　　构造 $\mu_t(s_t) = \arg\min_o \sum_a \pi_{\mathrm{eval}}(a|s_t)q(s_t, a, o|\theta_t)$，根据 ϵ-贪心策略选择对手动作，以 $1-\epsilon_t$ 的概率选择 $o_t = \mu_t(s_t)$，ϵ_t 的概率选择随机动作。其中，$\pi_{\mathrm{eval}}(s_t) = G(q(s_t|\theta_{\mathrm{eval}}))$

6: 　　执行 a_t 和 o_t，并观测得到 r_{t+1} 和 s_{t+1}

7: 　　将 $(s_t, a_t, o_t, r_{t+1}, s_{t+1})$ 存入 D 中

8: 　　从 D 中采样 m 组数据 $\{(s_k, a_k, o_k, r_{k+1}, s_{k+1})\}$

9: 　　计算采样数据的目标值，即

$$y_k = r_{k+1} + \gamma \min_{o'} \sum_{a'} \pi_{\mathrm{eval}}(a'|s_{k+1})q(s_{k+1}, a', o'|\theta_{\mathrm{target}})$$

10: 　　定义损失函数 $L(\theta_t) = \dfrac{1}{2m} \sum_k \left(q(s_k, a_k, o_k|\theta_t) - y_k\right)^2$

11: 　　梯度下降训练网络参数 $\theta_{t+1} = \theta_t - \alpha \dfrac{\partial L(\theta_t)}{\partial \theta_t}$

12: 　　每经过 T 个时刻，更新目标网络权重 $\theta_{\mathrm{target}} = \theta_{t+1}$

13: 　　每经过 nT 个时刻，更新评估网络权重 $\theta_{\mathrm{eval}} = \theta_{t+1}$

14: **end for**

现在分析 M2QN 算法在每个在线时刻的计算复杂度。当选择在线动作时，算法首先预测当前状态不同动作的 $q(s_t, a, o|\theta_t)$，然后构造线性规划求解动作概率分布。线性规划的复杂度与求解器有关，当使用常见的内点方法时，复杂度为 $O(|A|^{3.5})$。神经网络作一次预测的复杂度可表示为 $C_p(1)$。在训练阶段，算法需要计算经验池中 m 个数据的目标值，首先根据评估策略 π_{eval} 计算下一时刻的动作概率分布，然后基于目标网络预测下一时刻的 Q 值，同时选择对手的最优动作。获得目标值后，训练当前的 Q 神经网络与目标值拟合，复杂度表示为 $C_f(m)$。综

上所述,每个在线时刻,M2QN 算法的计算复杂度为 $O(C_p(1)+C_p(m)+m|A|^{3.5}+m|O|+C_f(m))$。如果我方智能体停止训练,只是在线选择动作,那么计算复杂度变为 $O(C_p(1)+|A|^{3.5})$。

4.4.3 M2QN 算法在查表法下的收敛性

下面考虑 M2QN 算法的一种特殊情况,即使用查找表法表示 Q 函数,同时令 $n=1$,以此分析算法的收敛性。相应地,Q_{eval} 等于 Q_{target},广义策略迭代退化为值迭代,迭代策略评估运算符 T_{π_i} 变成极小化极大运算符 T。假定当前是第 t 个时刻,算法从 D 中采样一批数据 $\{(s_{k_l^t}, a_{k_l^t}, o_{k_l^t}, r_{k_l^t+1}, s_{k_l^t+1})\}$。其中,下标 l 的范围取 $1 \leqslant l \leqslant m$。根据采样数据,对 Q 表更新,即

$$Q_{t+1}(s,a,o) = Q_t(s,a,o) + \sum_{1 \leqslant l \leqslant m} \frac{\alpha_t}{m} \chi_{k_l^t}(s,a,o)$$

$$\times \left(\overline{T}_{k_l^t}(Q_{\text{target}}) - Q_t(s,a,o) \right), \quad \forall s,a,o \tag{4.16}$$

其中,$\overline{T}_{k_l^t}$ 为第 k_l^t 个样本的目标值,即

$\chi_{k_l^t}(s,a,o)$ 为指示函数,代表如果 (s,a,o) 与第 l 个样本 $(s_{k_l^t}, a_{k_l^t}, o_{k_l^t})$ 相同,则输出 1,否则输出 0;$\alpha_t \in (0,1)$ 为学习率;

$$\overline{T}_{k_l^t}(Q_{\text{target}}) = r_{k_l^t+1} + \gamma \max_{\pi} \min_{o'} \sum_{a'} \pi(a') Q_{\text{target}}(s_{k_l^t+1}, a', o') \tag{4.17}$$

每经过 T 个在线时刻后,目标 Q_{target} 被最新的 Q_{t+1} 替代。重复上述更新过程,算法在第 $t = 0, T, 2T, \cdots, iT, (i+1)T, \cdots$ 时刻的 Q 表相互之间满足

$$Q_{(i+1)T}(s,a,o) = \rho^{iT,(i+1)T} Q_{iT}(s,a,o) + \sum_{\tau=iT}^{(i+1)T-1} \sum_{l=1}^{m} v_l^{\tau,(i+1)T} \overline{T}_{k_l^\tau}(Q_{iT}) \tag{4.18}$$

其中

$$\rho^{t_0,t} = \left(1 - \sum_l \frac{\alpha_{t-1}}{m} \chi_{k_l^{t-1}} \right) \cdots \left(1 - \sum_l \frac{\alpha_{t_0}}{m} \chi_{k_l^{t_0}} \right)$$

$$v_l^{t_0,t} = \left(1 - \sum_l \frac{\alpha_{t-1}}{m} \chi_{k_l^{t-1}} \right) \left(1 - \sum_l \frac{\alpha_{t_0+1}}{m} \chi_{k_l^{t_0+1}} \right) \frac{\alpha_{t_0}}{m} \chi_{k_l^{t_0}}$$

$$v_l^{t_0+1,t} = \left(1 - \sum_l \frac{\alpha_{t-1}}{m} \chi_{k_l^{t-1}} \right) \left(1 - \sum_l \frac{\alpha_{t_0+2}}{m} \chi_{k_l^{t_0+2}} \right) \frac{\alpha_{t_0+1}}{m} \chi_{k_l^{t_0+1}}$$

$$\vdots$$

$$v_l^{t-1,t} = \frac{\alpha_{t-1}}{m} \chi_{k_l^{t-1}}$$

(4.19)

并且满足

$$1 = \rho^{t_0,t} + \sum_l v_l^{t_0,t} + \sum_l v_l^{t_0+1,t} + \cdots + \sum_l v_l^{t-1,t} \tag{4.20}$$

定理 4.1　给定一个有限的两人零和马尔可夫博弈 (S, A, O, P, R, γ)，M2QN 算法使用表格表示 Q 函数，同时选择 $n = 1$。如果 M2QN 算法在运行过程中对所有的 $(s, a, o) \in S \times A \times O$ 都有

$$\sum_i \beta_i(s, a, o) = \infty, \quad \sum_i \beta_i^2(s, a, o) < \infty \tag{4.21}$$

那么算法会以概率 1 收敛到极小化极大动作价值函数 Q^*，其中 $\beta_i(s, a, o) = 1 - \rho^{iT,(i+1)T}(s, a, o)$。

证明：我们基于随机逼近理论对定理进行证明。考虑第 iT 时刻和第 $(i+1)T$ 时刻之间所有采样的数据 (s, a, o)，定义 $\Delta_i(s, a, o) = Q_{iT}(s, a, o) - Q^*(s, a, o)$，以及

$$F_i(s, a, o) = \frac{1}{\beta_i(s, a, o)} \sum_{\tau=iT}^{(i+1)T-1} \sum_{l=1}^{m} v_l^{\tau,(i+1)T} \left(\overline{T}_{k_l^\tau}(Q_{iT}) - Q^*(s, a, o) \right) \tag{4.22}$$

随着 i 的增加，Q 函数的更新是一个随机过程，即

$$\Delta_{i+1}(s, a, o) = [1 - \beta_i(s, a, o)] \Delta_i(s, a, o) + \beta_i(s, a, o) F_i(s, a, o) \tag{4.23}$$

由于 $\alpha_t \in (0, 1)$，因此 $\beta_i \in (0, 1)$。此外，F_i 的期望值满足

$$\mathbb{E}[F_i(s, a, o)] = \frac{1}{\beta_i} \sum_{\tau=iT}^{(i+1)T-1} \sum_{l=1}^{m} v_l^{\tau,(i+1)T} \left(R(s, a, o) \right.$$

$$\left. + \gamma \sum_{s'} P(s'|s, a, o) \max_\pi \min_{o'} \sum_{a'} \pi(a') Q_{iT}(s', a', o') - Q^*(s, a, o) \right)$$

$$= [T(Q_{iT})](s, a, o) - Q^*(s, a, o) \tag{4.24}$$

根据 T 的 γ 收缩性，可以推断

$$\|\mathbb{E}[F_i(s, a, o)]\|_\infty \leqslant \gamma \|Q_{iT} - Q^*\|_\infty = \gamma \|\Delta_i\|_\infty \tag{4.25}$$

根据 R、Q^*、m 和 T 的有限性，F_i 的方差是有界的，即

$$\mathrm{var}\left(F_i(s, a, o)\right) = \mathbb{E}\left[(F_i(s, a, o))^2 \right] - (\mathbb{E}[F_i(s, a, o)])^2 \leqslant C(1 + \|\Delta_i\|_W^2) \tag{4.26}$$

其中，C 为正的常数；$\|\cdot\|_W$ 为加权最大范数。

根据随机逼近理论[22]，Δ_i 以概率 1 收敛到零，即 Q_t 以概率 1 收敛到 Q^*。

$\square$

4.5 仿 真 实 验

4.5.1 足球博弈

足球博弈如图 4.1 所示。在一大小为 4×5 的区域，共有两名玩家 A 和 B。在一局博弈开始时，两名玩家被随机初始化在不同的方格上，球被随机分配给其中一名玩家，在图中用圆圈标记。每一时刻玩家从以下五个动作中选择一个，即向左、向上、向右、向下、停留。两个玩家各自选完动作后，两个动作会以随机顺序执行。如果某一动作会将玩家带到对手位置，则球的拥有权会强制转移给没有移动的玩家，同时取消当前动作的执行。当玩家将球带到对手的球门时，该玩家获得 +1 奖赏，对手玩家获得 −1 奖赏，博弈结束。每一时刻都有 0.01 的概率将博弈终止并评定为平局。衰减系数设为 0.95。不难发现，足球博弈是一个对称的马尔可夫博弈，因此一方玩家的策略通过简单镜像即可适用于另一方玩家。

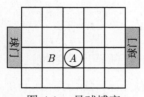

图 4.1   足球博弈

博弈状态由两个玩家的位置和控球权表示。由于状态集的尺寸有限且规模较小，因此使用动态规划（例如值迭代）能够直接求解纳什均衡策略。为了测试算法性能，我们使用基于查表法的 M2QN 算法在线学习玩家 A 的策略。为了鼓励探索，ϵ-贪心策略的探索率初始化为 1，然后随在线时刻线性下降，在 20000 步时线性下降到 0.1，然后保持不变。经验池最多存储 10000 个样本，并且只有当经验池至少有 1000 个样本时才开始经验回放。M2QN 算法每次选择 16 个样本进行小批量训练。

首先，将 M2QN 算法中的目标更新频率 T 设置为 100，将内部迭代评估的迭代次数 n 设置为 5。每经过 10000 个在线时刻，测试 M2QN 算法策略与动态规划策略的对抗胜率，评估算法性能。不考虑探索的影响，我们重复三次实验取平均结果来减少随机误差。图 4.2 所示为 M2QN 算法在线训练过程中的测试曲线。由于动态规划求解的是纳什均衡策略，因此在开始阶段，M2QN 算法策略的测试胜率较低。随着在线学习的增加，M2QN 算法使用收集的观测数据更新 Q 表并调整策略，相应的测试胜率在不断提高，反映出 M2QN 算法策略的对抗性能越来越强。经过 600000 步的在线学习，M2QN 算法策略的测试胜率和动态规划策略的测试胜率非常接近，表明 M2QN 算法即使以在线和无模型的方式学习，也能够学到近似纳什均衡策略。

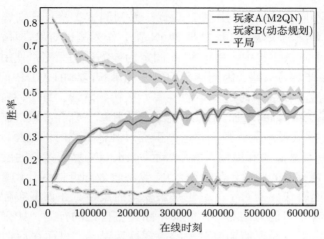

图 4.2　M2QN 算法在线训练过程中的测试曲线

训练结束后，将 M2QN 算法学到的结果与动态规划的纳什均衡结果进行比较。图 4.3 绘制了对于图 4.1 的状态，不同结果的 Q 值和动作概率分布。在该状态下，玩家 A 作为进攻方，必须选择一种随机的策略，以免被对手利用。如图 4.3(b) 所示，玩家 A 的纳什均衡策略是选择具有相同概率的向上和停留动作。在玩家 B 选择向上或停留动作时，玩家 A 使用纳什均衡策略获得的最坏预期回报是 $0.5 \times 0.29 + 0.5 \times 0.31 = 0.3$。与基于模型的动态规划相比，M2QN 算法基于在线数据学习 Q 表，因此它的 Q 值和动作概率并不完全等于动态规划的结果，

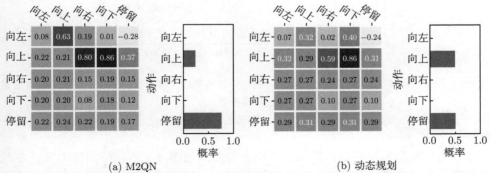

图 4.3　玩家 A 的 Q 值和动作概率分布（Q 值矩阵的行代表玩家 A 的动作，列代表玩家 B 的动作）

但是两者的动作概率分布形状基本一致。在玩家 B 选择留下的动作时，玩家 A 使用 M2QN 算法策略获得的最坏预期回报是 $0.24 \times 0.31 + 0.76 \times 0.29 = 0.2948$，略低于动态规划的 0.3。

为了展示不同算法的可利用性，设计一系列测试实验，分别选择动态规划的策略、M2QN 算法的策略、自我博弈 DQN 策略作为测试对象，训练各自的 DQN 挑战者。在每个测试实验中，将玩家 A 固定为被测试的策略，使用 DQN 算法学习玩家 B 的最佳响应策略，因此博弈问题变为单智能体的 MDP 问题。图 4.4 绘制了 DQN 挑战者在线学习过程中的胜率。在初始阶段，DQN 挑战者具有极低的胜率。随着在线时刻的增加，DQN 挑战者的胜率上升并收敛。在面对自我博弈 DQN 策略时，挑战者的最终胜率要远高于面对其他策略时的结果，表明自我博弈 DQN 的策略具有最高的利用性。挑战者面对 M2QN 算法策略的胜率略高于挑战者面对动态规划策略的胜率，表明 M2QN 算法收敛到近似纳什均衡。纳什均衡的优点在于即使面对最坏的对手，它也是最安全的策略。在许多实际场景，玩家面对的是一个具有学习能力的对手，能够不断调整自己的行为。如果玩家策略的对抗性不强，那么很容易在前期被对手的故意行为误导，进而在后期被对手利用。

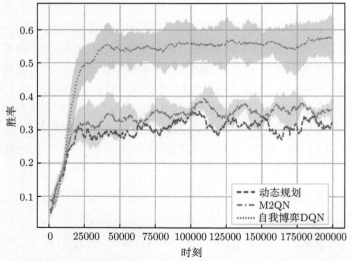

图 4.4   DQN 挑战者面对动态规划策略、M2QN 算法策略、自我博弈 DQN 算法策略时的在线训练曲线

4.5.2   守护领土

第二个实验考虑网格世界的守护领土问题。如图 4.5 所示，网格中有一个入侵者和一个守卫者，分别用 I 和 G 表示。双方在每一时刻从以下五个动作中选择一个执行，即向左、向上、向右、向下、停留。入侵者的目标是占领被标记为 T

的领土点。入侵者如果在被捕获之前到达该领土点，或者在该领土点被捕获，则代表入侵成功。守卫者的目标是拦截入侵者，并使其尽可能地远离领土点。以守卫者为中心的九个邻域方格构成捕获区域。当入侵成功或捕获成功时，博弈结束。每一时刻有 0.01 的概率将当前博弈判定为平局。在每一轮博弈开始时，守卫者和入侵者的位置被随机初始化。由于博弈双方需要采取的是完全不同的策略，因此守护领土是一个非对称的博弈问题。

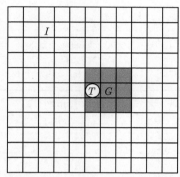

图 4.5　网格世界的守护领土问题（守卫者 G 周围的灰色方格代表其捕获区域）

在具体实验中，考虑大小为 11×11 的网格。守卫者的奖赏定义如下。

① 如果入侵成功，$r_{t+1} = -10$。

② 如果捕获成功，$r_{t+1} = |x_I - x_T| + |y_I - y_T|$。

③ 其他时刻，$r_{t+1} = 0$。

折扣因子选择 $\gamma = 0.95$。尽管守护领土的状态空间大于足球博弈，但是动态规划仍然可以运行，因此我们以动态规划学到的入侵者策略作为基准策略。在使用 M2QN 算法在线学习时使用神经网络表示 Q 函数。具体来讲，Q 函数神经网络的输入层由守卫者和入侵者分别到领土点的水平和垂直距离组成，然后连接两个大小均为 50 的隐含层，最后输出每个动作对的 Q 值。除输出层使用线性激活，每层神经网络都后接 ReLU 激活函数。神经网络的训练使用 Huber 损失函数，每次训练使用 16 个样本的批量数据，学习率设为 0.001。经验池至少有 20000 个样本时才开始经验回放。ϵ-贪心策略的探索率初始化为 1，然后随在线时刻线性下降，在 40000 步时线性下降到 0.1，之后保持不变。

图 4.6 所示为 M2QN 算法在线学习过程中守卫者策略的性能变化曲线。纵坐标的平均回报和胜率由动态规划的入侵者策略测试评估得到。作为对比，我们将动态规划的守卫者策略在同一个对手下的测试结果也在图 4.6 中绘制。可以看出，M2QN 算法学到的守卫者策略达到动态规划的守卫者策略相近的性能，表明 M2QN 算法基于在线数据和神经网络，仍然能够学到近似纳什均衡策略。另外，

M2QN 算法的守卫者胜率最终会超过 50%。这是因为博弈是非对称的，守卫者区域性的捕获要比入侵者精确的占领更容易成功。

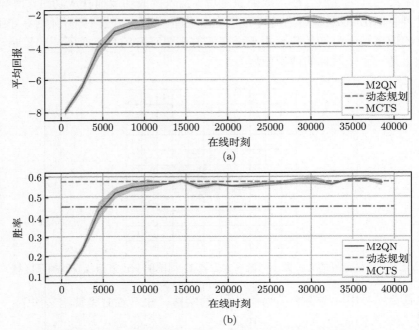

图 4.6   M2QN 算法在线学习过程中守卫者策略的性能变化曲线

自我博弈方法无法应用于非对称的博弈问题，因此我们选择基于模型的 MCTS 作为对比方法。在本实验中，使用 MCTS 的守卫者在每一时刻决策时会进行 1000 次仿真，并选择访问次数最多的节点作为守卫动作。结果表明，MCTS 的策略性能不如动态规划和 M2QN 算法的策略性能。一个原因是，MCTS 主要针对回合制博弈，一个玩家的最优动作取决于另一个玩家的动作。对于两人零和马尔可夫博弈，两个玩家要求同时执行动作，因此一方玩家的最优动作可能是一个概率分布。另一个原因是，MCTS 使用前向推理，评估各种可能动作的优劣。推理的次数越多，评估的准确度就越高，但是会大大增加决策时间，限制其在有限时间决策场景的应用。

4.5.3 格斗游戏

我们在 FightingICE 格斗游戏①上测试 M2QN 算法的性能。如图 4.7 所示，游戏中有两个角色，每个玩家控制一个角色进行格斗。每个玩家最多有 41 个候选

---

① https://www.ice.ci.ritsumei.ac.jp/~ftgaic

动作，但是决策时间限制为 16.67ms。每个动作对应一组动作画面，并且只有在最后一个动作画面结束后，玩家才能再次决策。如果攻击动作成功击中对手，对手将损失一定的血量。FightingICE 格斗游戏的一大特点是提供了游戏模拟器，能够从任意游戏状态出发，根据双方的动作推演未来的游戏状态。因此，基于树的搜索方法被广泛用于 FightingICE 格斗游戏的策略设计，并取得不错的成绩。在实验中，我们使用无模型的 M2QN 算法从零学习玩家策略。

图 4.7　FightingICE 格斗游戏画面

为了将问题转换为两人零和马尔可夫博弈，首先定义一个 163 维的状态空间。状态由当前时刻双方玩家的信息组成，包括位置、能量、速度、游戏状态、动作。动作集对应 41 个候选动作。以每一帧双方血量变化的差值作为奖赏信号，每一帧的奖赏衰减系数取 0.998。

与足球博弈和守卫领土相比，FightingICE 格斗游戏的状态空间更大，动作个数更多，模型动力学更复杂，因此求解也更加困难。M2QN 算法需要使用更多隐含层和更多神经元的神经网络。设计具有三个隐含层的 Q 函数神经网络，从输入到输出的隐含层分别有 500、500、300 个神经元节点。在线训练过程中，只要玩家有机会作决策，M2QN 算法就会根据当前状态预测 Q 值，并决定极小化极大动作，同时以 ϵ 的概率选择随机动作来探索动作集。探索率初始化为 1，然后随在线回合线性下降，在 750 个回合时线性下降到 0.1 并保持不变。M2QN 算法记录每一个决策时刻的状态、我方动作、对手动作，以及到下一个决策时刻之间的奖赏，以便进行经验回放训练。经验池最多存储 100000 个样本，每次训练使用 32 个样本的小批量数据，学习率设为 0.0001。为了便于训练，FightingICE 格斗游戏被设置为无限游戏模式，两个玩家拥有无限血量，每个回合固定为 60s。

在 FightingICE 格斗游戏中,玩家的一些动作只有在拥有一定能量后才能执行。但是,在回合开始时,玩家的能量为零,只有击中对手或受到伤害才会收集能量。当能量足够时玩家便能执行高级动作,给对手造成更多伤害。在训练过程中,由于 M2QN 算法的训练对手也是从零开始,因此算法在训练初期很难观测到对手执行高级动作的样本。因此,除 M2QN 算法的训练对手,我们选择四个基于 MCTS 的格斗智能体作为训练对手。GigaThunder、FooAI、jayBot_2017 和 Ranezi,分别是 2017 格斗 AI 比赛的第一名、第二名、第三名和 2016 格斗 AI 比赛的第二名。混合的对手集合会促进在线训练过程,有助于评估当前 M2QN 算法的策略性能。每一回合以 0.5 的概率选择 M2QN 训练对手,0.5 的概率随机选择其他格斗智能体。

在线训练过程中,目标更新频率保持 $T = 2000$。在训练初期为了加快收敛,选择迭代次数 $n = 5$。在 1125 轮回合后,n 降低到 1 来减少收敛误差。记录每个回合的游戏结果和玩家血量差值,并在图 4.8 中绘制 M2QN 算法策略在面对四个 MCTS 格斗智能体时的性能变化曲线。通过对最近 120 轮回合的胜率和血量差值取平均,对曲线作平滑处理。在开始阶段,由于 M2QN 算法从零学习格斗策略,因此胜率为零,剩余血量远低于对手。随着训练的增加,胜率逐渐提高,并且经过一定数量的回合后,血量差值从负变为正。在面对不同的 MCTS 格斗智

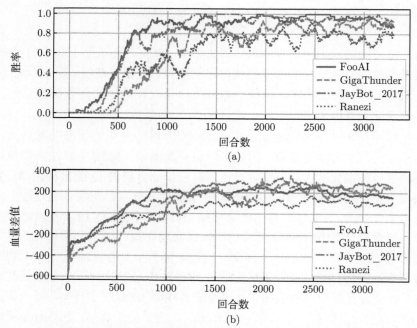

图 4.8   M2QN 算法在训练过程中面对不同 MCTS 格斗智能体的性能变化曲线

能体时，M2QN 算法需要不同数量的回合来提升胜率和血量差值。虽然这些智能体都是使用 MCTS 算法，但是在实现的细节上有所不同，例如搜索深度、剪枝，以及在某些状态下基于脚本的动作等。最终，M2QN 算法的策略都能以超过 50% 的胜率击败所有 MCTS 格斗智能体。结果表明，即使面对状态空间大、动作数量多的复杂实时博弈问题，M2QN 算法仍然可以从在线数据中学到具有竞争力的策略。

4.6   本 章 小 结

两人零和博弈是人工智能领域一项具有挑战性的课题。我们将博弈论与最新的 DQN 技术结合，解决需要双方同时作出决策的两人零和马尔可夫博弈问题。提出的 M2QN 算法源于广义策略迭代，在与神经网络结合后能够处理大规模问题。算法以无模型的方式学习纳什均衡策略，并且在对称博弈和非对称博弈上都有效。我们使用随机逼近理论证明了算法在查表法下的在线收敛性，并通过实验验证了算法求解多种两人零和马尔可夫博弈的能力。

然而，当前的 M2QN 算法仍然具有局限性，主要体现在仅考虑有限动作集的博弈问题。一些深度强化学习算法，如 DDPG、PPO、TRPO 等，使用策略网络处理大规模动作集或连续动作空间的 MDP。算法根据回报或评估的价值，沿着策略梯度调整策略网络权重。但是，这些算法很难直接扩展到两人零和马尔可夫博弈上，主要挑战是对策略梯度的准确估计。在马尔可夫博弈中，玩家策略的价值或回报取决于其他玩家的行为，因此策略梯度容易混乱且不一致。解决方案是针对两人零和马尔可夫博弈设计一个稳定且无偏的策略梯度估计方法，让两个玩家沿着各自的策略梯度训练策略网络，从而达到纳什均衡。

参 考 文 献

[1] Howard R A. Dynamic Programming and Markov Processes. New York: Wiley, 1960.

[2] Sutton R S, Barto A G. Reinforcement Learning: An Introduction. Cambridge: MIT, 2018.

[3] Littman M L. Markov games as a framework for multi-agent reinforcement learning//Cohen W W, Hirsh H. Machine Learning Proceedings 1994. San Francisco: Morgan Kaufmann, 1994: 157-163.

[4] Lowe R, Wu Y, Tamar A, et al. Multi-agent actor-critic for mixed cooperative-competitive environments//Advances in Neural Information Processing Systems, 2017: 6379-6390.

[5]　Shao K, Zhu Y, Zhao D. StarCraft micromanagement with reinforcement learning and curriculum transfer learning. IEEE Transactions on Emerging Topics in Computational Intelligence, 2019, 3(1): 73-84.

[6]　Chang H S, Hu J, Fu M C, et al. Adaptive adversarial multi-armed bandit approach to two-person zero-sum Markov games. IEEE Transactions on Automatic Control, 2010, 55(2): 463-468.

[7]　Silver D, Schrittwieser J, Simonyan K, et al. Mastering the game of Go without human knowledge. Nature, 2017, 550(7676): 354-359.

[8]　Browne C B, Powley E, Whitehouse D, et al. A survey of Monte Carlo tree search methods. IEEE Transactions on Computational Intelligence and AI in Games, 2012, 4 (1): 1-43.

[9]　Silver D, Huang A, Maddison C J, et al. Mastering the game of Go with deep neural networks and tree search. Nature, 2016, 529(7587): 484.

[10]　Silver D, Hubert T, Schrittwieser J, et al. A general reinforcement learning algorithm that masters Chess, Shogi, and Go through self-play. Science, 2018, 362(6419): 1140-1144.

[11]　Myerson R B. Game Theory. Cambridge: Harvard University Press, 2013.

[12]　Tang Z, Shao K, Zhao D, et al. Recent progress of deep reinforcement learning: From AlphaGo to AlphaGo Zero. Control Theory and Applications, 2017, 34(12): 1529-1546.

[13]　Mnih V, Kavukcuoglu K, Silver D, et al. Human-level control through deep reinforcement learning. Nature, 2015, 518(7540): 529-533.

[14]　Zhu Y, Zhao D. Vision-based control in the open racing car simulator with deep and reinforcement learning. Journal of Ambient Intelligence and Humanized Computing, 2023, 14: 15673-15685.

[15]　Tesauro G. Temporal difference learning and TD-Gammon. Communications of the ACM, 1995, 38(3): 58-68.

[16]　Bowling M, Veloso M. Rational and convergent learning in stochastic games// Proceedings of the 17th International Joint Conference on Artificial Intelligence, 2001: 1021-1026.

[17]　Zhu Y, Zhao D. Online minimax Q network learning for two-player zero-sum Markov games. IEEE Transactions on Neural Networks and Learning Systems, 2020: 1-14.

[18]　Lagoudakis M G, Parr R. Value function approximation in zero-sum Markov games// Proceedings of the 18th Conference on Uncertainty in Artificial Intelligence, 2002: 283-292.

[19]　Zhao D, Zhu Y. MEC-A near-optimal online reinforcement learning algorithm for continuous deterministic systems. IEEE Transactions on Neural Networks and Learning Systems, 2015, 26(2): 346-356.

[20]　Zhu Y, Zhao D, He H. Invariant adaptive dynamic programming for discrete-time optimal control. IEEE Transactions on Systems, Man, and Cybernetics: Systems, 2020, 50(11): 3959-3971.

[21] Shapley L S. Stochastic games. Proceedings of the National Academy of Sciences, 1953, 39(10): 1095-1100.

[22] Jaakkola T, Jordan M I, Singh S P. Convergence of stochastic iterative dynamic programming algorithms//Advances in Neural Information Processing Systems, 1994: 703-710.

第 5 章　格斗游戏的对手模型和滚动时域演化算法

5.1　引　　言

策略博弈类游戏具有安全、快速、低成本、可复现，以及对抗性强等显著优势。该类游戏已经发展成为博弈推演研究的重要测试及验证平台[1]。格斗游戏人工智能博弈是一项极具挑战的两人零和博弈的对抗任务。它具有决策空间规模大、角色属性风格多样，以及实时动作响应等特点。每年 IEEE Conference of Games 都会举办格斗游戏对抗比赛。该比赛选择两人格斗游戏人工智能对抗平台 FightingICE[2] 作为指定测试平台。该平台要求参赛算法可自主适应三种不同类型的格斗角色属性。在有限的时间内，参赛算法需要控制己方的智能体，进行格斗行为的决策。同时，参赛算法还应能够快速地击败由对手算法控制的对手智能体。

对于格斗对抗游戏两人实时零和博弈对抗问题[3]，按照方法类型可具体分为启发式规则型[4]、统计前向规划型[5]、深度强化学习型[6]。以有限状态机[7] 和行为决策树[8] 为代表的启发式规则型方法在游戏 AI 领域已经得到广泛应用。这类方法通常基于人类经验知识进行设计。设计者通过手工规则编码的方式，编写智能体行为策略的集合。这种方法使智能体能够根据预定规则，执行对应的动作策略。因此，智能体能够表现出决策行为。这类方法具有系统稳定性和可解释性，但是需要长时间的人工设计干预，并且缺乏环境自适应和优化调节的能力，因此会被掌握其规律的对手策略模型针对。以 MCTS 算法[9] 和 RHEA[10] 为代表的统计前向规划型方法可以对游戏引擎或运行机理作简化设计，构造前向推演模型对环境前向规划推理采样，经过多轮更新迭代，优化启发式目标函数从而得到最优解。这类方法具有良好的环境自适应性和模型泛化性，并且无须进行模型训练，但是该类算法要求前向模型系统辨识度较高且需要大量采样，易受到实时性要求的影响。深度强化学习型算法已经在众多视频游戏中取得里程碑式的进展[11, 12]。该算法通过构建深层神经网络模型，与环境进行大量交互产生训练数据，在最大化累积期望奖赏目标的作用下，优化系统模型参数，提升端到端模型决策的对抗适应性，具备自学习优化的能力。然而，该类算法的训练过程通常极不稳定，且对计算资源要求较高，容易产生策略遗忘或崩塌的现象，致使模型泛化性无法得到有效保证。

本章重点研究两人实时零和博弈问题[13]。由于格斗游戏具有快速反应性、同步决策性、动作持续性和角色多样性等挑战，因此选择格斗游戏作为博弈模型性能验证平台。我们提出一种在线优化方法，基于自适应对手模型，利用对手的历史行为和实际影响作为训练样本，通过监督式和监督强化式的学习方法进行在线优化，提升对手模型的意图预估能力，有效解决非完美信息博弈中对手策略信息的缺失问题。此外，结合滚动时域演化算法的前向规划推理能力和模型泛化性，对决策系统前向推理及行为进行优化，满足博弈模型在不同类型角色、短暂反应时间，以及反馈信息延迟下的实时动态决策过程需求。

5.2　基于滚动时域演化的统计前向规划建模

5.2.1　格斗游戏问题定义

格斗游戏通常采用 1v1 的对抗形式，设置固定的初始血量值与初始能量值。经过有效击打积累能量值，根据已获得的能量值采取高额伤害性动作，给对手造成致命击打，从而使对手血量归零以获得胜利。格斗游戏任务的主要特点如下。

① 快速反应性。智能体需要在极短的反应时间内进行动作决策，因此要求博弈模型在较短的时间内完成前向推理规划。

② 同步性。实时博弈双方的决策过程是同步进行的，因此智能体无法获取对手的当前行为，影响智能体作出准确决策。

③ 动作连续性。格斗对抗中动作的执行需要持续一段时间，但是在执行过程中会受到对手干扰而被迫中断，因此影响决策的正常发挥。

④ 角色属性多样性。格斗游戏具有多样风格的角色类型，因此具有不同的动作组合策略，可以用来考验模型的泛化性和环境系统的自适应性。

正是上述格斗游戏的问题特点带来许多相关挑战，如图 5.1 所示。

图 5.1　格斗游戏 AI 挑战

5.2.2　滚动时域演化算法

RHEA 是一种基于演化计算更新最优动作序列的统计前向规划算法。算法种群的每个个体被视为动作执行序列，其价值通过前向模型模拟推演评估。评估流程从当前状态开始，按照基因序列执行相应的动作，直至达到终止状态或满足基因长度。然后，该算法采用预定义的启发式适应度函数评估个体的获益值。最终，选取获益值最大个体的首个动作作为决策，并在相应环境中执行。

RHEA 流程如图 5.2 所示。种群由多个包含不同动作序列（等同于基因序列）的个体组成。适应度函数根据评价结果的高低保留种群中的优秀个体。优秀个体通过选择、交叉、变异等演化计算优化过程，产生新一轮的子代个体。这些新子代个体有序地输入前向模型，通过推理规划得到未来状态，并使用启发式适应度函数评估未来状态的价值，从而更新种群所有个体的适应度。该过程重复至耗尽系统预留的迭代更新时间，或者目标解的适应值完全收敛。

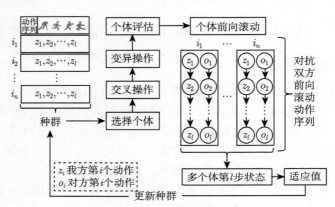

图 5.2   RHEA 流程

在格斗游戏任务中，RHEA 的个体适应函数 f_{fit} 可由得分函数 f_{sco} 与多样性函数 f_{div} 加权求和得到，即

$$f_{\text{fit}}(s_t, \vec{z}^l, \vec{o}^l) = (1 - \lambda) f_{\text{sco}}(f_{\text{FM}}(s_t, \vec{z}^l, \vec{o}^l)) + \lambda f_{\text{div}}(\vec{z}^l) \tag{5.1}$$

其中，$\lambda \in (0, 1)$ 为个体评价函数 f_{sco} 与多样性评价函数 f_{div} 之间的均衡权重；s_t 为 t 时刻状态；$\vec{z}^l$ 为我方序列长度为 l 的动作序列；$\vec{o}^l$ 为对手序列长度为 l 的动作序列；前向模型 f_{FM} 定义为

$$f_{\text{FM}}(s_t, \vec{z}^l, \vec{o}^l) = s_{t+1} \tag{5.2}$$

评分函数 $f_{\text{sco}}(s_t)$ 用于评估对应状态的价值，与双方血量差有关，定义如下。
① 如果失败，$f_{\text{sco}}(s_t) = -1$。
② 如果胜利，$f_{\text{sco}}(s_t) = 1$。
③ 其他情况，$f_{\text{sco}}(\text{hp}_{\text{self}}(s_t) - \text{hp}_{\text{opp}}(s_t)) / \text{hp}_{\text{max}}$。
其中，hp_{self} 为我方对应状态下的血量；hp_{opp} 为对手对应状态下的血量；hp_{max} 为初始最大血量。

多样性函数用于抑制个体同质化，根据基因序列定义多样性指标，即

$$f_{\text{div}}(\vec{z}^l) = 1 - \frac{1}{nl} \sum_{j=1}^{l} f_{\text{cnt}}(\vec{z}^l(j)) \tag{5.3}$$

其中，n 为种群个体数；$z^l(j)$ 为动作序列的第 j 个动作；l 为基因序列长度；f_{cnt} 为计数函数，用于统计个体中的每个基因在当前种群中的出现次数。

不同于启发式规则型方法，RHEA 具备良好的环境自适应能力，通过前向模型构建状态动作转移推理规划器，采用演化计算的方式进行前向推理及优化，预估策略推演的价值进行有效决策行为。设种群个体数量为 n，并且所有个体的动作序列长度一致，通过随机初始化，可得到原始初代种群。经过前向模型处理，该算法选择评分最高的前 k 个个体作为精英，保留到下一代。剩余的 $n - k$ 个个体与精英个体一同进行交叉变异，生成新的子代。然后，将新的子代送入前向模型进行推理，通过适应度函数进行评估，更新每个个体的评分。通过反复执行上述步骤，对智能体进行迭代优化，选择评分最高个体动作序列中的第一个动作进行执行。

5.3　基于自适应对手模型的神经网络建模

虽然 RHEA 具备出色的推理规划能力，但是其仅考虑我方与环境的交互，忽视了对手与环境的同步交互。这可能导致前向推理过程出现偏差，无法有效解决两方实时零和博弈问题。本章提出自适应对手建模，可以有效处理该问题，提升算法在两人格斗游戏中的性能。

5.3.1　对手模型建模

按照建模类型方式可将对手建模分为隐式建模[14] 和显式建模[15]。隐式建模通常将对手信息直接作为我方博弈模型的一部分，从而处理对手信息缺失的问题。它通过最大化智能体的期望奖赏，将对手的决策行为隐式地纳入我方模型，从而构成隐式建模方法[16]。显式建模直接根据观测到的对手历史行为数据进行推理和优化。通过拟合对手的行为策略，它能更好地理解对手的意图，从而降低对手信息缺失带来的负面影响。此外，显式建模对其他算法的适配和兼容性也更强[17]。根据算法模型兼容性和实时性要求，本章选择显式建模的方式构建基于神经网络方法的对手学习模型。对手学习模型采用单步前向推理的方式预估对手行为，通过神经网络模型进行动态自适应更新调整。针对格斗游戏任务具有的实时性和有限内存要求，构建简单的线性神经网络结构，输入信息为 18 维特征向量，包含双方血量、能量、横坐标、纵坐标、方向坐标、角色状态，以及角色之间的相对距离。输出信息为对手可能采取的 56 个离散动作行为，包括地面攻击、空中攻击、地面技能、空中技能。我们采用监督式和监督强化式两类方法进行对手模型优化。

5.3.2　监督学习式对手模型

为使对手模型得到快速更新迭代，并降低前向推理时间，对手模型仅包含输入层与输出层，中间没有隐含层。输出层采用 Softmax 激活函数生成对手策略分布。采用数据驱动的方式优化对手模型，训练数据来源于双方对抗过程中的历史信息。通过状态-动作对的方式记录对手的历史行为策略，以监督学习式方法构造交叉熵损失函数进行优化，具体数学形式为

$$L_{\text{CE}} = -\sum_{k=1}^{N} p_k \log(q_k) \tag{5.4}$$

其中，p_k 为以独热编码表示的第 k 个实际动作标签；q_k 为第 k 个神经网络输出；N 为候选动作个数。

该算法采用生成数据在线更新的方式优化。

5.3.3　强化学习式对手模型

强化学习方法可分为基于价值型和基于策略梯度型的两类优化方法，分别对应的典型方法是 Q 学习[18] 和策略梯度[19]。常见的强化学习方法是通过与环境直接交互的方式在线更新优化模型。与之不同，本章采取的是状态-动作-奖赏三元组的数据形式进行离线模型更新，在交战过程中记录下对手的行为策略与影响结果，以获得训练数据。本章研究采用与监督学习式对手模型相同的网络结构。基于 Q 学习的对手建模采用 N 步奖赏作为优化目标，定义为

$$G_t^{(N)} = \sum_{h=0}^{N-1} \gamma^h r_{t+h} + \gamma^N f^Q \left(s_{t+N}, \theta^Q \right) \tag{5.5}$$

其中，γ 表示折扣因子；r_t 表示 t 时刻奖赏；f^Q 表示 Q 学习对手模型；对手模型参数 θ^Q 通过批量梯度下降更新，相应均方差损失函数为

$$L_{\text{MSE}}(\theta^Q) = \left(G_t^{(L)} - f^Q(s_t, \theta^Q) \right)^2 \tag{5.6}$$

基于策略梯度的对手建模直接作用在对手策略模型参数 θ^π，通过梯度上升的方式更新未来期望折扣奖赏的估值 $J = E(R_0)$，策略梯度更新公式定义为

$$g = E_{s_t, a_t} \left(\sum_{t=0}^{T} R_t \nabla_{\theta^\pi} \log \pi(a_t|s_t) \right) \tag{5.7}$$

其中，累积奖赏为 $R_t = \sum_{l=t}^{T} \gamma^{l-t} r_l$；$t$ 时刻奖赏函数 r_t 为对抗双方的血量差，可表示为

$$r_t = \left(\text{hp}_{t+1}^{\text{opp}} - \text{hp}_{t+1}^{\text{self}} \right) / \text{hp}_{\max} \tag{5.8}$$

当奖赏值 r_t 大于零时，表明在 t 时刻后对手血量要多于我方血量，反之亦然。借助对手模型，本章构建了一个虚拟策略模型生成对手的行为，并结合滚

动时域演化算法进行迭代推理，从而得到较为准确的决策行为。面向格斗游戏基于自适应对手模型的滚动时域演化方法如算法 5.1 所示。算法流程如图 5.3 所示。

算法 5.1 面向格斗游戏基于自适应对手模型的滚动时域演化方法

1:　**procedure** RHEA-OM$(A, n, k, p_m, \lambda, \text{OM})$
2:　　//候选动作集合，种群个数，精英个数，变异率，得分与多样性权重，对手模型
3:　　$Z^{n \times l} \leftarrow$ 从候选动作集合 A 中随机生成 n 个动作序列 $\vec{z}^l \in Z^l$；　//动作序列又称个体
4:　　**while** 剩余推演时间 > 0 **do**
5:　　　$\vec{v}^n \leftarrow$ Evaluate(Forward$(Z^{n \times l}, \text{OM}), Z^{n \times l})$；
6:　　　　　　　//对 $Z^{n \times l}$ 推理评估得到中间状态，通过中间状态计算价值 $\vec{v}^n$
7:　　　$Z^{n \times l} \leftarrow$ 根据价值 $\vec{v}^n$ 从高到低按行排序个体 $Z^{n \times l}$；
8:　　　$Z_{\text{el}}^{k \times l} \leftarrow$ 从 $Z^{n \times l}$ 中选择前 k 个精英；
9:　　　$Z_{\text{re}}^{(n-k) \times l} \leftarrow$ 从 $Z^{n \times l}$ 中选择剩余 $n - k$ 个母体；
10:　　　$Z_{\text{new}}^{(n-k) \times l} \leftarrow$ 通过均匀交叉个体 i_1 和个体 i_2，生成 $n - k$ 个新的个体；
11:　　　　　//从精英中随机选择个体 $i_1 \in Z_{\text{el}}^{k \times l}$，从母体中随机选择个体 $i_2 \in Z_{\text{re}}^{(n-k) \times l}$
12:　　　**if** 均匀采样概率 $< p_m$ **then**
13:　　　　　　//在概率 p_m 下，对新生成的个体（动作序列）中的动作进行随机更换
14:　　　　$Z_{\text{new}}^{(n-k) \times l} \leftarrow$ 从 $Z_{\text{new}}^{(n-k) \times l}$ 中变异个体；
15:　　　**end if**
16:　　　$Z^{n \times l} \leftarrow Z_{\text{el}}^{k \times l} \cup Z_{\text{new}}^{(n-k) \times l}$；　　　　//新一代个体为精英个体与新生成个体的集合
17:　　**end while**
18:　　**return** $\vec{a}^l \leftarrow$ 从 $Z^{n \times l}$ 中选择价值最高的动作序列中的第一个动作；
19: **end procedure**
20: **procedure** FORWARD$(Z^{n \times l}, \text{OM})$　　　　　　//使用前向模型进行推理函数的实现
21:　　**for** $i \in 1, \cdots, n$ **do**
22:　　　$\vec{S}_t^n(i) \leftarrow$ curFrame；　　　　　　　　　　　//以当前帧初始化当前状态
23:　　　**for** $j \in 1, \cdots, l$ **do**
24:　　　　$a_{\text{opp}} \leftarrow \text{OM}(\vec{S}_t^n(i))$；　　　　　//通过对手模型用于推理对手的当前动作
25:　　　　$\vec{S}_t^n(i) \leftarrow f_{\text{FM}}(\vec{S}_t^n(i), Z^{n \times l}(i, j), a_{\text{opp}})$；　　//通过前向模型推理下一个状态
26:　　　**end for**
27:　　**end for**
28:　　**return** $\vec{S}_t^n$　　　　　　　　　　　　　　//对应于每个动作序列的最后一帧
29: **end procedure**
30: **procedure** EVALUATE$(\vec{S}_t^n, Z^{n \times l})$　　　　　　　　　//评价函数的实现
31:　　$\vec{p_s}^n \leftarrow f_{\text{sco}}(\vec{S}_t^n)$；　　　　　　　　　//对当前状态进行评分估计
32:　　$\vec{p_d}^n \leftarrow f_{\text{div}}(Z^{n \times l})$；　　　　　　　//对当前状态进行多样性估计
33:　　$\vec{v}^n \leftarrow (1 - \lambda)\vec{p_s}^n + \lambda\vec{p_d}^n$　　　　　//适应度价值估计
34:　　**return** $\vec{v}^n$
35: **end procedure**

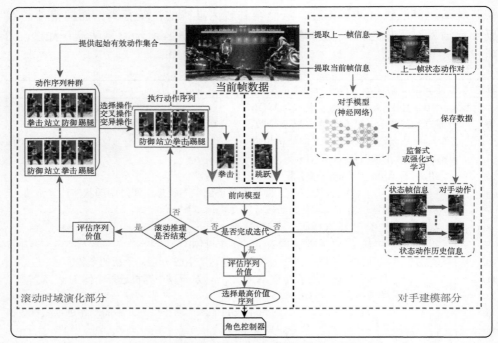

图 5.3   基于自适应对手模型的 RHEA 流程图

5.4   实验设计与测试结果

5.4.1   实验设置与测试平台

格斗游戏人工智能平台 FightingICE 提供一种用于格斗游戏 AI 测试的实时对抗环境。该平台要求智能体在反应时间为 16.67ms 的情况下对 56 个离散动作进行有效决策。每个动作有启动、执行、复原三个阶段，表明动作运行的持续性。同时，模拟人类玩家的真实反应时间产生 15 帧系统延迟。平台提供三种不同属性风格的角色 ZEN、LUD 和 GAR。

① ZEN。格斗技巧综合全面，同时具备近战和远攻双重攻击类型，攻击速度介于 GAR 和 LUD。

② LUD。所有攻击动作皆会消耗我方能量，需通过有效打击或被动打击积蓄能量，攻击速度较为迟缓，但是杀伤性较强。

③ GAR。擅长空中格斗搏击，连招组合技能较多，攻击速度较快，但是杀伤性较弱。

通过不同的角色属性带来不同的行为策略集合。为了公平比较算法性能，对抗双方规定采取同一类型角色进行对战，初始血量为 400，能量值为 0，目标是在

60s（限定时间）内快速击败对手。

为有效验证策略博弈模型的算法性能，对五种基于不同类型的对手模型的 RHEA 进行内部比较。这五种模型分别是无对手模型、随机对手模型、监督式对手模型、Q 学习式对手模型、策略梯度对手模型。随后与 2018 年参加格斗游戏人工智能竞赛的格斗 AI 进行对抗测试，每个模型每次测试 200 次，重复测试 5 轮取平均胜率作为结果。在对手模型训练过程中，采用 XAVIER[20] 初始化模型权重，通过 Adam 优化器更新权重，利用上一轮对抗得到的最新对手策略数据更新模型。实验设置的超参数如表 5.1 所示。

表 5.1　实验设置的超参数

超参数	值	描述
λ	0.5	多样性函数与得分函数权重
lr	1.0×10^{-4}	对手模型的学习率
p_m	0.85	变异概率
n	7	个体数量
l	4	动作序列长度
k	1	种群中的精英个数

5.4.2　内部比较

内部比较实验的目的是验证对手模型 RHEA（RHEA with opponent model，RHEAOM）类对手模型中的三项重要因素，即测试无对手模型与随机对手模型在 RHEA 框架中的性能水平；测试不同类型的对手模型学习方法对整体模型的发挥作用；比较提出的对手模型方法对格斗游戏模型收敛到均衡解的效率影响。下面给出基于 RHEA 的五种变型算法模型。

① RHEA：不含对手模型的原始 RHEA 模型。

② RHEAOM-R：含随机对手模型的 RHEA 模型。

③ RHEAOM-SL：基于监督学习式对手模型的 RHEA 模型。

④ RHEAOM-Q：基于 Q 学习式对手模型的 RHEA 模型。

⑤ RHEAOM-PG：基于策略梯度式对手模型的 RHEA 模型。

其中，RHEAOM-R 中的随机对手模型基于均匀随机分布的方式，在对手的有效候选动作集中进行采样。

内部比较实验使用 RHEA 的五种变型算法相互进行对抗。不同对手模型的内部对抗胜率结果如表 5.2 所示，如无特殊说明，本书表格中的加粗数字均表示该栏中的最优性能数据。无对手模型的 RHEA 原始模型表现性能较差，尤其是在 LUD 角色上的平均胜率值最低。随机对手模型的 RHEAOM-R 综合表现略优于

RHEA，但是在 LUD 和 ZEN 的整体表现都要弱于监督学习式和强化学习式对手建模方法。RHEAOM-PG 在除 GAR 角色外的其他角色均取得最高胜率，综合性能在五种 RHEAOM 变体中的表现最佳。为了检验不同对手模型的 RHEA 的变体经过自博弈后达到均衡解的收敛效率，使其对 3 个角色进行相互对抗测试。按照格斗游戏比赛规则，每步统计测试执行 30 轮且对应 3 个不同角色，重复 5 遍后可以得到对应胜率的均值和方差。在这项测试过程中，对手模型的权重为可动态调整状态，一直随着测试进行权重动态更新适应。实验结果如图 5.4 所示。其中，N 表示无对手模型，R 表示随机对手模型，SL 表示监督学习式对手模型，Q 表示 Q 学习对手模型，PG 表示策略梯度式对手模型。原始 RHEA 与随机对手模型 RHEAOM-R 的胜率曲线一直处于较为振荡的状态。由于过估计问题，Q 学习式对手模型 RHEAOM-Q 的胜率曲线呈现先收敛后振荡的现象。监督式对手模型 RHEAOM-SL 与策略梯度对手模型 RHEAOM-PG 的收敛速率和效果在五类变体中的表现最佳。

表 5.2　　不同对手模型的内部对抗胜率结果

玩家 2	玩家 1														
	RHEA/%			RHEAOM-R/%			RHEAOM-SL/%			RHEAOM-Q/%			RHEAOM-PG/%		
角色	GAR	LUD	ZEN	GAR	LUD	ZEN	GAR	LUD	ZEN	GAR	LUD	ZEN	GAR	LUD	ZEN
RHEA	—	—	—	58.2	59.7	56.3	50.9	82.2	67.8	34.2	80.1	72.2	51.5	81.9	79.3
RHEAOM-R	41.8	40.3	43.7	—	—	—	49.0	61.4	61.5	43.4	64.8	65.5	52.0	68.0	66.7
RHEAOM-SL	49.1	17.8	32.2	51.0	38.6	38.5	—	—	—	46.2	47.4	51.2	53.8	52.0	59.4
RHEAOM-Q	65.8	20.0	27.9	56.6	35.2	34.5	53.9	52.6	48.8	—	—	—	54.1	53.0	54.2
RHEAOM-PG	48.5	18.1	20.7	48.0	32.0	33.3	46.2	48.1	40.6	45.9	47.0	45.9	—	—	—
平均值	51.3	24.1	31.1	**53.5**	41.4	40.7	50.0	61.1	54.7	42.4	59.8	58.7	52.8	**63.7**	**64.9**

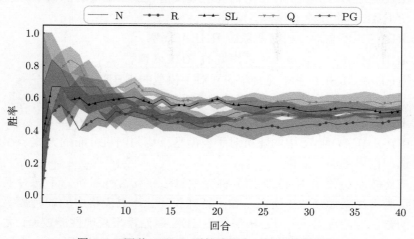

图 5.4　同种 RHEA 型算法我方对抗的胜率曲线

5.4.3 对抗 2018 年格斗游戏程序

为有效评估本章提出的格斗游戏 AI 的性能表现，将 RHEAOM 的五种不同变体与 2018 年格斗游戏人工智能竞赛 AI 进行对抗，选择其中五个具有代表性水平的 AI 作为比较。

① Thunder，2018 年排名第 1，采用 MCTS 与启发式规则。

② KotlinTestAgent，2018 年排名第 2，采用 MCTS 与逼近墙角策略。

③ JayBotGM[21]，2018 年排名第 3，采用分层结构并结合遗传算法与 MCTS。

④ MogakuMono，2018 年排名第 4，采用分层强化学习。

⑤ UtalFighter，2018 年排名第 8，采用有限状态机。

由于 UtalFighter 是一种脚本型决策智能体，与其对抗的过程信息可以直观地反映对手模型对整体算法的影响。如图 5.5 所示，每条学习曲线反映 RHEAOM系列变体与 UtalFighter 的每局结束时相应平均血量差值。平均血量差值越高，说明相应格斗游戏智能体的进攻能力越强，并且每步表示最近 30 轮的测试结果。强化学习型对手模型 RHEAOM-PG 与 RHEAOM-Q 在早期测试过程时便已经展现较好的性能优势。尽管监督式对手模型 RHEAOM-SL 呈现平稳上升的进步趋势，但是始终无法达到强化学习型对手模型水平。虽然 RHEAOM-R 呈现振荡衰减的趋势，但是性能表现始终要显著强于 RHEA 原始模型。从结果来看，强化学习型对手模型能在对抗早期便发现对手策略的弱势，并长时间保持绝对领先的优势。监督学习型对手模型则呈现可学习增长性，在初始预测较弱时，通过迭代更新增强模型的预测准确性提升模型的表现性能。因此，在面对固定策略对手时，基于对手模型的 RHEA 要显著优于无对手模型的 RHEA。按照格斗游戏比赛规则，

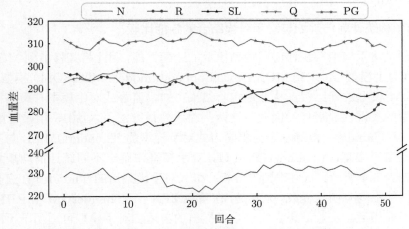

图 5.5 不同 RHEAOM 变体对阵 UtalFighter 的血量差迭代曲线

重复进行 5 次对抗性实验。胜率结果如表 5.3 所示。随机模型在对阵进攻招数较多的 ZEN 时性能不佳，甚至对模型造成负影响，致使随机对手模型 RHEAOM-R 在 ZEN 角色下的表现性能弱于其他 RHEA 变体。与之相比，强化学习式与监督学习式对手模型的 RHEAOM-PG、RHEAOM-Q、RHEAOM-SL 的性能表现皆显著优于 RHEA，在三种不同角色的平均胜率均超过 80%，其中 RHEAOM-PG 取得最佳表现，相比无模型或随机对手模型，性能显著提升。

表 5.3 不同 RHEAOM 变体与 2018 年格斗游戏人工智能竞赛 AI 对抗胜率结果

玩家 2	玩家 1														
	RHEA/%			RHEAOM-R /%			RHEAOM-SL /%			RHEAOM-Q /%			RHEAOM-PG /%		
角色	GAR	LUD	ZEN	GAR	LUD	ZEN	GAR	LUD	ZEN	GAR	LUD	ZEN	GAR	LUD	ZEN
Thunder	82.3	62.3	70.5	78.3	62.2	50.5	84.0	83.6	69.8	84.5	88.5	69.0	**89.8**	**89.3**	76.4
KotlinTestAgent	66.0	90.3	**88.9**	74.0	86.9	11.3	**78.6**	**95.8**	77.1	66.1	92.2	72.8	78.2	92.5	72.1
JayBotGM	98.5	62.3	63.7	**100.0**	81.5	64.3	96.6	91.0	87.8	98.0	**94.7**	92.0	98.0	94.6	**97.0**
MogakuMono	78.5	64.0	70.0	77.1	81.6	39.1	80.8	**90.9**	88.5	**83.6**	87.2	82.8	82.1	89.0	**93.8**
UtalFighter	97.3	69.1	73.9	96.8	87.3	87.9	98.1	94.6	96.9	99.7	98.6	96.9	**100.0**	**100.0**	97.1
平均值	84.5	69.6	73.4	85.2	79.9	50.6	87.6	91.2	84	86.4	92.3	82.7	**89.6**	**93.1**	87.3

本章提出的方法采用显式对手建模的方式，将环境观测转换为对手行为策略意图识别，通过神经网络自适应调节的方式，作用于前向推理规划模型。纵观各类变体对手模型，策略梯度模型并非单纯模仿对手的行为意图，而是通过奖赏信号引导的方式，找到相应时刻有效的行为策略。2018 年，排名较前的 AI 基本沿用基于 MCTS 方法，但是由于格斗游戏决策实时响应的要求，无法保证基于采样优化的这类型方法收敛到最优决策解。RHEA 简便且动作序列关联性强，计算效率要优于 MCTS 方法。

5.4.4 两种统计前向规划与对手建模结合的性能比较

为测试对手模型在统计前向规划模型的适配性能，因此将其移植到 MCTS 算法，得到对手模型 MCTS（MCTS with opponent model，MCTSOM）模型，并与 RHEAOM 模型进行比较。从上述实验结果可知，监督式对手模型与策略梯度式对手模型的表现性能最佳，因此将这两类对手建模方法引入 2018 年排名第 1 的 MCTS AI Thunder，得到基于监督学习式对手模型的 ThunderOM-SL 与基于策略梯度式对手模型的 ThunderOM-PG。对手模型作用于不同统计前向规划方法的胜率如表 5.4 所示。从胜率角度分析，引入对手模型后的 Thunder 在三类角色的对抗性能上均有明显提升。尤其是，在角色 ZEN 上，ThunderOM 与 RHEAOM 的表现性能相当。实验结果表明，本章提出的自适应对手模型可适用于不同类型的统计前向规划方法。

表 5.4　对手模型作用于不同统计前向规划方法的胜率

玩家 2	玩家 1					
	RHEAOM-SL/%			RHEAOM-PG/%		
角色	GAR	LUD	ZEN	GAR	LUD	ZEN
ThunderOM-SL	75.3	68.4	58.1	81.1	69.6	54.2
ThunderOM-PG	77.2	55.6	49.6	79.1	60.3	48.3
Thunder	84.0	83.6	69.8	89.8	89.3	76.4

5.4.5　2019 年格斗游戏竞赛结果

根据内部实验的测试结果,选择表现性能最优的 RHEAOM-PG 模型,嵌入格斗游戏人工智能竞赛 AI 框架,取名为 RHEA_PI。该方法参加了 2019 年由 IEEE Conference on Games 组织举办的格斗游戏人工智能挑战赛（Fighting Game AI Competition,GAIC）。比赛的积分排名结果如表 5.5 所示。2019 年共有 10 个 AI 参与到这项赛事中,RHEA_PI 获得亚军,积分与距离第一名 ReiwaThunder 十分接近。ReiwaThunder 是原 Thunder 作者在 2018 年的基础上引入极小化极大值搜索,并且丰富启发式规则库的改进版本。根据官方数据统计,RHEA_PI 的总胜场数仅比 ReiwaThunder 少三场,但是在预先未知属性角色 LUD 的表现性能要强于 ReiwaThunder,表明 RHEAOM 模型是一个具备强泛化性能力和竞争力的格斗游戏 AI 方法。

表 5.5　2019 年 FTGAIC 积分排名表

AI 名称	积分	排名
ReiwaThunder	133	1
RHEA_PI	122	2
Toothless	91	3
FalzAI	68	4
LGISTBot	67	5
SampleMctsAi（baseline）	52	6
HaibuAI	32	7
DiceAI	19	8
MuryFajarAI	17	9
TOVOR	9	10

5.4.6　2020 年格斗游戏竞赛结果

2020 年格斗游戏人工智能竞赛对 GAR 和 LUD 的角色属性参数进行了调整,并且未预先公开具体的参数调整信息,旨在验证策略博弈模型泛化性和环境适应性。根据竞赛官网公布信息,共有 14 支参赛队伍参与。在 RHEA_PI 框架基础上同时利用我方与对手的对抗记录信息,增加状态-动作-奖赏对的训练数据量,并优化前向推理模型推理过程,提高对手模型的前向推理效率和精度,改进后的模型称为带策略梯度对手模型的增强滚动时域演化算法（enhanced rolling horizon evolution algorithm with policy gradient based opponent learning model，ERHEA）。前 10 名格斗游戏 AI 总积分排名如表 5.6 所示。本章提出的 ERHEA 打破了 MCTS 型策略博弈模型 Thunder 长达 4 年的统治地位，荣获该项赛事冠军。

表 5.6　2020 年 FTGAIC 总积分排名表

AI 名称	积分	排名
ERHEA	128	1
TeraThunder	88	2
type	73	3
EmcmAI	72	4
CYR_AI	71	5
SpringAI	59	6
Jitwisut_Zen	36	7
MrTwo	29	8
JayBot	20	9
SampleMctsAi（baseline）	20	10

5.4.7　性能指标分析

本节针对性分析 2019 年和 2020 年的 FTGAIC 比赛情况。根据比赛结果对胜率、剩余血量、执行速率、优势率和伤害性等因素分析格斗游戏 AI 的算法特点。每项因素的取值范围在 0~1，数值越大则性能越强。每项因素的具体计算方式如下。

① 胜率。根据比赛结果统计我方智能体的获胜概率，胜场数记 1，平局数记 0.5，负场数记 0，即

$$\text{WinRate} = \frac{\text{Win}_{\text{count}} + 0.5 \times \text{Tie}_{\text{count}}}{\text{Total}} \tag{5.9}$$

② 剩余血量。游戏结束时我方智能体的平均剩余血量，即

$$\text{RemainHP} = \frac{\text{MyHP}}{\text{MaxHP}} \tag{5.10}$$

③ 执行速率。游戏结束时我方智能体剩余的比赛时长。若我方落败，则游戏消耗时长取值为单局比赛总时长，即

$$\text{Speed} = \frac{\text{RemainTime}}{\text{FullTime}} \tag{5.11}$$

④ 优势率。游戏结束时双方的剩余血量之差作为判断依据，再进行归一化，即

$$\text{Advantage} = \frac{1}{2}\left(\frac{\text{MyHP} - \text{OppHP}}{\text{MaxHP}} + 1\right) \tag{5.12}$$

⑤ 伤害性。游戏结束时造成对手的血量伤害，即

$$Damage = 1 - \frac{OppHP}{MaxHP} \tag{5.13}$$

1. 2019 年 FTGAIC 积分与战力分析

2019 年 FTGAIC 共有 10 支队伍参赛，根据积分排名，由高到低前 6 位的 AI 依次是 ReiwaThunder、RHEA_PI[22]、Toothless[23]、FalzAI、LGIST_Bot[24]、SampleMctsAi。在这项被 MCTS 型算法长期统治的竞赛中首次出现 RHEA 型算法。如表 5.7 所示，ReiwaThunder 与 RHEA_PI 在积分排名上同属第一梯队，基本排在各项赛道前两名，并且大幅度领先其他参赛队伍。值得注意的是，RHEA_PI 在 LUD 角色属性事先未知的情况下取得了最佳战绩，体现了 RHEA 与自适应对手建模算法结合的模型泛化性能。

表 5.7　2019 年 FTGAIC 标准赛道与快速赛道前 6 名积分表

2019-标准赛道积分					2019-快速赛道积分					2019-最终积分排名	
AIs	ZEN	GAR	LUD	总和	AIs	ZEN	GAR	LUD	总和	AIs	总和（排名）
ReiwaThunder	**25**	**25**	18	68	ReiwaThunder	**25**	**25**	15	65	ReiwaThunder	133 (1)
RHEA_PI	18	18	**25**	61	RHEA_PI	18	18	**25**	61	RHEA_PI	122 (2)
Toothless	10	15	18	43	Toothless	15	15	18	48	Toothless	91 (3)
LGIST_Bot	15	12	10	37	FalzAI	12	10	10	32	FalzAI	68 (4)
FalzAI	12	12	12	36	LGIST_Bot	10	12	8	30	LGIST_Bot	67 (5)
SampleMctsAi	8	8	8	24	SampleMctsAi	8	8	12	28	SampleMctsAi	52 (6)

2019 年 FTGAIC 标准赛道胜率热力图如图 5.6 所示。ReiwaThunder 虽然在角色 ZEN 和 GAR 均取得最高胜率，但是与 RHEA_PI 对阵时处于下风。然而，RHEA_PI 与其他 AI 对抗的总胜场数较少，落于第二。分析原因可能是，尽管 RHEA_PI 中的对手模型具备一定的自适应学习能力，但是需要利用双方的历史交战记录作为训练数据来更新和调整对手模型。初始对手模型是随机初始化得到的，可能导致对手行为预估无法准确起到引导作用，使总胜场数相对较低。

2019 年 FTGAIC 标准赛道与快速赛道前 6 名战力结果如表 5.8 和图 5.7 所示。RHEA_PI 与 ReiwaThunder 各自占据标准赛道与快速赛道战力值第一名，并且同处第一梯队。ReiwaThunder 与 RHEA_PI 在两个赛道的战力值均值皆已破 1。RHEA_PI 在标准赛道的战力值排名高于其积分排名，这主要是因为 RHEA_PI 在标准赛道的伤害性和优势率等关键因素显著优于其他类型的 AI。这反映了该算法擅长捕捉进攻机会并实现有效的击打。然而，RHEA_PI 在剩余血量管理控制上的表现较差，反映出该 AI 的前向推理策略相对激进。因此，尽管 RHEA 型算法对 MCTS 型算法产生了不小的冲击，但是整体策略过于激进且防守不足，其整体表现仍然与 ReiwaThunder 存在一定的差距。

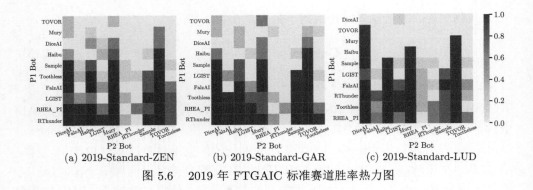

(a) 2019-Standard-ZEN　　　(b) 2019-Standard-GAR　　　(c) 2019-Standard-LUD

图 5.6　　2019 年 FTGAIC 标准赛道胜率热力图

表 5.8　　2019 年 FTGAIC 标准赛道与快速赛道前 6 名战力表

AIs	2019-标准赛道战力				AIs	2019-快速赛道战力			
	ZEN	GAR	LUD	均值		ZEN	GAR	LUD	均值
RHEA_PI	**1.135**	**1.355**	**1.103**	1.198	ReiwaThunder	**1.458**	**1.522**	0.861	1.28
ReiwaThunder	1.129	1.108	0.791	1.009	RHEA_PI	1.166	1.465	**0.866**	1.166
Toothless	0.649	1.111	1.063	0.941	Toothless	1.164	1.494	0.834	1.164
FalzAI	0.709	0.56	0.975	0.748	FalzAI	0.836	1	0.583	0.806
LGIST_Bot	0.674	0.6	0.626	0.633	LGIST_Bot	0.542	1.028	0.443	0.671
SampleMctsAi	0.439	0.387	0.594	0.473	SampleMctsAi	0.454	0.551	0.543	0.516

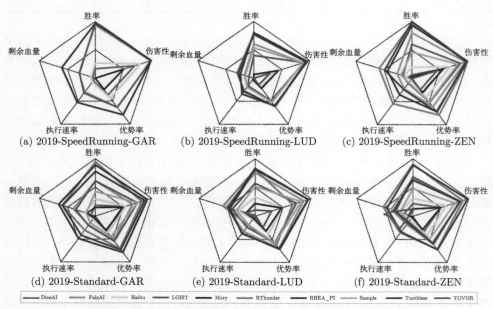

(a) 2019-SpeedRunning-GAR　　(b) 2019-SpeedRunning-LUD　　(c) 2019-SpeedRunning-ZEN

(d) 2019-Standard-GAR　　(e) 2019-Standard-LUD　　(f) 2019-Standard-ZEN

图 5.7　　2019 年 FTGAIC 快速赛道与标准赛道战力图

2. 2020 年 FTGAIC 积分与战力分析

2020 年，FTGAIC 总共有 15 支队伍参赛。如表 5.9 所示，总排名由高到低前 6 位依次是 ERHEA、TeraThunder、type、EmcmAI、CYR_AI 和 SpringAI。以 PPO 和 SAC 为代表的深度强化学习型算法大量涌现，向 MCTS 型算法发起挑战。与往届不同，2020 年的 GAR 和 LUD 的角色属性皆为事先未知，用于考验格斗算法的模型泛化性。

表 5.9　2020 年 FTGAIC 标准赛道与快速赛道前 6 名积分表

2020-标准赛道积分					2020-快速赛道积分					2020-最终积分排名	
AIs	ZEN	GAR	LUD	总和	AIs	ZEN	GAR	LUD	总和	AIs	总和（排名）
ERHEA	18	**25**	**25**	68	ERHEA	**25**	25	10	60	ERHEA	128 (1)
EmcmAI	**25**	15	12	52	TeraThunder	18	18	12	48	TeraThunder	88 (2)
TeraThunder	12	18	10	40	type	15	12	18	45	type	73 (3)
CYR_AI	15	8	15	38	CYR_AI	4	4	**25**	33	EmcmAI	72 (4)
SpringAI	10	4	18	32	SpringAI	12	0	15	27	CYR_AI	71 (5)
type	8	12	8	28	MrTwo	2	15	4	21	SpringAI	59 (6)

排名结果表明，以 type、EmcmAI、CYR_AI 和 SpringAI 为代表的深度强化学习型算法在标准赛道和快速赛道上均受到角色属性事先未知的影响，致使性能发挥受限。此外，包括 TeraThunder 在内的其他 MCTS 型算法也不约而同地受到影响。与此形成鲜明对比的是，RHEA 结合自适应对手建模方法展现出显著的性能稳定性和模型泛化性。在所有的六项子赛道中，它在五项子赛道中获得前两名，在标准赛道和快速赛道两种模式下都取得显著的积分领先，使 RHEA 型算法处于领先的位置。

2020 年 FTGAIC 标准赛道胜率热力图如图 5.8 所示。在角色属性未发生变化的 ZEN 中，深度强化学习型算法 EmcmAI 的表现最为出色，前向规划型算法 ERHEA 和 TeraThunder，以及深度强化学习型算法 CYR_AI 和 SpringAI 紧随其后。EmcmAI 的优异表现彰显了深度强化学习在环境学习能力方面的强大之处。然而，在角色属性发生变化的 GAR 和 LUD 中，ERHEA 则占据主导性地位，其性能表现显著优于其他类型的算法。这体现了 RHEA 结合对手建模带来的良好环境自适应性。统计的 2020 年 FTGAIC 标准赛道与快速赛道战力结果如表 5.10 和图 5.9 所示。ERHEA 除了在快速赛道的 LUD 角色表现不佳，在不同赛道的其他角色属性场景下均排在战力值榜首。在标准赛道和快速赛道中，ERHEA 的平均战力均处于领先地位，并且在快速赛道 ZEN 和 GAR 两个角色的表现上，战力值均突破 1.5 的标准。这从侧面展示了模型强大的泛化能力和显著的格斗博弈性能。

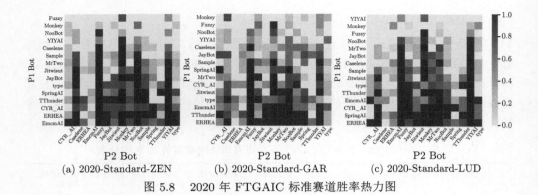

(a) 2020-Standard-ZEN　　(b) 2020-Standard-GAR　　(c) 2020-Standard-LUD

图 5.8　2020 年 FTGAIC 标准赛道胜率热力图

表 5.10　2020 年 FTGAIC 标准赛道与快速赛道前 6 名战力表

2020-标准赛道战力					2020-快速赛道战力				
AIs	ZEN	GAR	LUD	均值	AIs	ZEN	GAR	LUD	均值
ERHEA	**1.066**	**1.241**	**1.201**	1.169	ERHEA	**1.502**	**1.52**	0.51	1.178
TeraThunder	0.93	1.031	0.726	0.896	TeraThunder	1.353	1.213	0.869	1.145
EmcmAI	0.902	0.677	0.85	0.81	type	1.201	0.712	1.169	1.027
CYR_AI	0.852	0.493	0.955	0.767	CYR_AI	0.941	0.586	**1.315**	0.947
SpringAI	0.842	0.427	0.986	0.752	SpringAI	1.165	0.333	1.13	0.876
type	0.688	0.683	0.658	0.676	EmcmAI	0.985	0.622	0.499	0.702

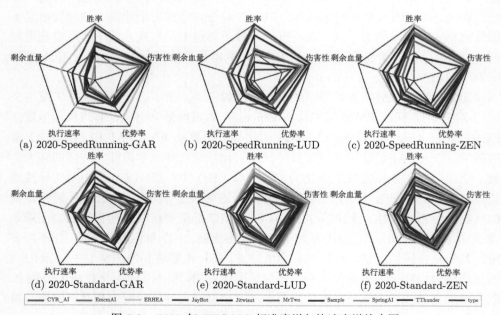

(a) 2020-SpeedRunning-GAR　　(b) 2020-SpeedRunning-LUD　　(c) 2020-SpeedRunning-ZEN

(d) 2020-Standard-GAR　　(e) 2020-Standard-LUD　　(f) 2020-Standard-ZEN

图 5.9　2020 年 FTGAIC 标准赛道与快速赛道战力图

5.4.8　讨论

RHEA 是一种高效的统计前向规划方法，通过遗传演化方式在最优化目标函数的作用下，可以找到用于决策规划的最佳动作序列。然而，格斗游戏是一种实时两人零和博弈任务，需要同时考虑对抗双方的动作序列过程。为有效应对 RHEA 在两人博弈中的不足，我们提出监督学习式和强化学习式对手建模。监督学习式对手模型通过历史数据直接模仿对手的游戏行为策略，但是当对手行为策略多变时，容易导致动作策略不易区分。强化学习式对手模型则可有效应对监督式对手建模的不足，通过奖赏信号最优化对手的动作行为策略，更加有效地掌握对手攻击意图。为此，本章提出策略梯度式与 Q 学习式两类对手建模方法。同时，相较于 Q 学习过程估计不足的问题，策略梯度型方法的更新过程更加稳定且高效，并且实验结果也进一步佐证了这个观点。受限于可用的能量值和多样的策略属性，对抗过程会生成不稳定的状态-动作对分布。由于能量值是有限的，因此如何在恰当的时机使用能量值最大化发挥其作用便成为格斗游戏的关键因素。强化学习式建模可以有效平衡对手模型预测精度与对手有效进攻行为之间的权衡。例如，致命技能释放的频率要远小于普通攻击，仅根据样本的状态-动作对会促使模型预测对手行为是普通攻击而却非有效致命技能。强化学习式更新则根据奖赏信号的高低，预测对手释放技能对未来造成的杀伤值，进而更加有效地预测对手行为。

5.5　本 章 小 结

本章以两人实时零和博弈为背景，研究并解决在不同类型角色、短暂反应时间、反馈信息延迟下的实时动态策略博弈决策过程。针对对手意图行为不明的问题，提出基于监督学习式与强化学习式的自适应对手学习模型。以对手历史行为及影响结果作为模型训练样本，优化对手行为预测性能，进而有效预估对手意图。随即结合滚动时域演化的统计前向规划方法，前向推理博弈过程及发展趋势，制定有效的行为决策。格斗游戏具有快速反应性、同步决策性、动作持续性和角色多样性等现实性对抗挑战，并以格斗游戏 FightingICE 作为模型算法性能验证平台。实验结果表明，在动态自适应对手模型的作用下，滚动时域演化的性能表现得到显著提升，并且优于 MCTS 类算法。尽管本章提出的算法模型主要面向格斗游戏，但是格斗游戏作为典型的两人实时零和博弈问题，具有两人实时博弈模型的许多共性挑战，本章提出的算法可以有效解决上述研究带来的挑战性问题，有望用于其他两人实时零和博弈任务。

本章开源程序链接为 https://github.com/DRL-CASIA/GameAI-FightingAI。

参 考 文 献

[1]   Zhu Y, Zhao D. Online minimax Q network learning for two-player zero-sum Markov games. IEEE Transactions on Neural Networks and Learning Systems, 2020, 33(3): 1228-1241.

[2]   Lu F, Yamamoto K, Nomura L H, et al. Fighting game artificial intelligence competition platform//2013 IEEE 2nd Global Conference on Consumer Electronics, 2013: 320-323.

[3]   唐振韬, 梁荣钦, 朱圆恒, 等. 实时格斗游戏的智能决策方法. 控制理论与应用, 2022, 39(6): 969-985.

[4]   Yannakakis G N, Togelius J. Artificial Intelligence and Games: Volume 2. Berlin: Springer, 2018.

[5]   Lucas S, 沈甜雨, 王晓, 等. 基于统计前向规划算法的游戏通用人工智能. 智能科学与技术学报, 2019, 1(3): 219-227.

[6]   刘全, 翟建伟, 章宗长, 等. 深度强化学习综述. 计算机学报, 2018, 41(1): 1-27.

[7]   徐小良, 汪乐宇, 周泓. 有限状态机的一种实现框架. 工程设计学报, 2003, 10(5): 251-255.

[8]   刘瑞峰, 王家胜, 张灏龙, 等. 行为树技术的研究进展与应用. 计算机与现代化, 2020, (2): 76-82.

[9]   Browne C B, Powley E, Whitehouse D, et al. A survey of Monte Carlo tree search methods. IEEE Transactions on Computational Intelligence and AI in Games, 2012, 4 (1): 1-43.

[10] Perez D, Samothrakis S, Lucas S, et al. Rolling horizon evolution versus tree search for navigation in single-player real-time games//Proceedings of the 15th Annual Conference on Genetic and Evolutionary Computation, 2013: 351-358.

[11] 赵冬斌, 邵坤, 朱圆恒, 等. 深度强化学习综述: 兼论计算机围棋的发展. 控制理论与应用, 2016, 33(6): 701-717.

[12] 唐振韬, 邵坤, 赵冬斌, 等. 深度强化学习进展: 从 AlphaGo 到 AlphaGo Zero. 控制理论与应用, 2017, 34(12): 1529-1546.

[13] 唐振韬. 面向复杂对抗场景下的智能策略博弈. 北京: 中国科学院, 2021.

[14] Bard N, Johanson M, Burch N, et al. Online implicit agent modelling//Proceedings of the 2013 International Conference on Autonomous Agents and Multi-agent Systems, 2013: 255-262.

[15] Ganzfried S, Sandholm T. Game theory-based opponent modeling in large imperfect-information games//The 10th International Conference on Autonomous Agents and Multiagent Systems, 2011: 533-540.

[16] He H, Boyd-Graber J, Kwok K, et al. Opponent modeling in deep reinforcement learning//International Conference on Machine Learning, 2016: 1804-1813.

[17] Rabinowitz N, Perbet F, Song F, et al. Machine theory of mind//International Conference on Machine Learning, 2018: 4218-4227.

[18] Watkins C J, Dayan P. Q-learning. Machine Learning, 1992, 8(3-4): 279-292.

[19]　Sutton R S, McAllester D, Singh S, et al. Policy Gradient Methods for Reinforcement Learning with Function Approximation. Cambridge: MIT, 2000.

[20]　Glorot X, Bengio Y. Understanding the difficulty of training deep feedforward neural networks//Proceedings of the 13th International Conference on Artificial Intelligence and Statistics, 2010: 249-256.

[21]　Kim M J, Ahn C W. Hybrid fighting game AI using a genetic algorithm and Monte Carlo tree search//Proceedings of the Genetic and Evolutionary Computation Conference Companion, 2018: 129-130.

[22]　Tang Z, Zhu Y, Zhao D, et al. Enhanced rolling horizon evolution algorithm with opponent model learning. IEEE Transactions on Games, 2020, 15(1): 5-15.

[23]　Thuan L G, Logofătu D, Badică C. A hybrid approach for the fighting game AI challenge: Balancing case analysis and Monte Carlo tree search for the ultimate performance in unknown environment//International Conference on Engineering Applications of Neural Networks, 2019: 139-150.

[24]　Kim M J, Kim J S, Lee D, et al. Integrating agent actions with genetic action sequence method//Proceedings of the Genetic and Evolutionary Computation Conference Companion, 2019: 59-60.

第 6 章 星际争霸宏观生产的深度强化学习算法

6.1 引 言

星际争霸作为经典的即时策略游戏，具有深厚的玩家基础和巨大的商业价值。它的基本规则是，玩家要选择人族、虫族、神族中的一个，并利用种族的优势，避免不利因素，通过宏观经营来增强自己的实力。玩家需要通过微操控制单位指挥作战部队，发动有效的进攻，摧毁对手的所有生产单位取得胜利。另外，为促进星际争霸在人工智能领域的研究及发展[1]，每年会由多个协会组织星际争霸 AI 挑战赛。

为了方便科研人员将更多的注意力集中在 AI 算法层面的研究，一些集成的接口框架应运而生。举例来说，有一种基于 C++ 环境的接口框架，它可以用于开发能够进行完整对抗比赛的星际争霸 AI，也就是适用于星际争霸 II 的母巢之战应用程序编程接口（brood war application programming interface，BWAPI），适用于星际争霸 II 的学习环境（StarCraft II learning environment，SC2LE），以及基于 Python 环境开发的，适合机器学习算法进行模型迭代和优化的接口框架 PySC2。通常意义上，设计一个完整的星际争霸 AI 需面临时空推理、对手建模、对抗过程规划，以及多智能体协同等一系列挑战。从策略推演作战角度，这些挑战可抽象概括为战略级、战术级、反应控制级。除了 DeepMind 团队的 AlphaStar[2] 和启元世界的星际指挥官[3] 采用模仿学习与强化学习结合的方式设计完整的星际争霸 AI，绝大部分的星际争霸 AI 是基于人类经验和预先制定的脚本规则系统实现的。因此，这类 AI 很难具备持续性优化的能力，无法完全根据对手策略的变化作出及时有效的调整。

星际争霸中宏观决策制定的合理性与有效性直接影响着 AI 的性能表现。在宏观决策方面，Churchill 等[4] 基于模型搜索构建了一种面向生产序列的优化方法，通过嵌入生产序列搜索系统实现最短时间内的最优生产序列规划。Synnaeve 等[5] 利用标记回放优化贝叶斯模型预测对手开局生产序列。Cho 等[6] 根据游戏回放样本，采用特征扩展决策树预测胜负趋势并有效检测关键性生产序列变化，增强宏观决策模型的时机把握性。Dereszynski 等[7] 通过专家级训练样本训练隐马尔可夫模型，以此预测和推断对手的策略选择序列。深度学习方法也被引入星际争霸宏观决策研究中，Wu 等[8] 对游戏录像进行特征提取，构建长短时记忆神经网络

LSTM 预测对手作战意图和对战结果。Justesen 等[9] 采用深度学习方法直接从大量回放数据中进行模型训练和优化，构造宏观管理决策模型并嵌入 UAlbertaBot，表现的性能显著优于手工编写的规则式 AI 程序。近些年，深度强化学习方法受到科研人员的广泛关注，在众多游戏研究平台取得里程碑式的进展。DeepMind 团队提出的 AlphaStar 模型将监督式模仿学习与联盟群体优化式深度强化学习方法相结合，首次使星际争霸 AI 达到人类顶尖职业玩家水平。但是，受限于星际争霸庞大的状态探索空间和有限的硬件计算资源，目前仍然无法如 AlphaZero 一样仅通过深度强化学习方法使模型从"零"开始优化，需要在大量手工经验规则的帮助下，压缩模型的状态探索空间与决策动作空间，用于全局系统对抗与模型性能优化[10]。

　　本章以即时策略游戏星际争霸作为实时博弈模型性能验证平台[11]。不同于 AlphaStar 需要将大量人类高质量对局录像作为模型初始化训练样本，本章研究内容将宏观生产决策作为优化目标，从"零"开始随机生成宏观决策网络模型，构建基于策略和价值混合式网络的端到端实时策略博弈模型。利用深度网络模型的环境感知能力和强化学习模型的决策推理能力，将星际争霸环境下的状态空间的全局视野信息作为生产决策系统输入，与游戏内置的不同难度等级的 AI 进行博弈训练，将博弈过程得到的胜负结果、系统评分和双方交战过程的兵力变化趋势作为奖赏信号，优化己方的生产策略。在此基础上，结合优先级经验回放、双重神经网络训练模型、辅助任务同步优化的方法，对面向博弈过程决策的强化学习方法进行研究，探索一套高效可靠的策略博弈学习优化技术[12]。

6.2　星际争霸宏观生产决策分析与建模

6.2.1　问题定义

　　作为对抗对手策略的直接表现方式，宏观生产决策直接反映策略级别的规划行为。宏观决策包含己方作战策略制定和对手策略意图预测两部分，主要是地图资源管理、科技树发展选择，以及作战单位生产三项任务，具体表现在选择适合的作战单位开展生产、选择适合的建筑单位扩大生产、在合适的时机下发展科技能力属性和选择恰当的时间发起有效进攻。宏观生产决策的优化目标是通过有效的手段，制定针对性策略快速击败对手。

　　针对星际争霸的宏观生产序列决策问题，UalbertaBot 通过预先制定专家开局生产序列，并引入多臂老虎机决策机制，根据历史交战记录选择合适的开局生产路线进行初期生产规划[13]。但是，该方法只适用于早期的生产过程规划，无法根据战场局势的变化进行有效的调整。Hsieh 等[14] 与 Weber 等[15] 从数据驱动的角度采集了大量的专家行为样本，通过策略建模和监督学习的方式使决策模型学习模仿人类玩家行为，但是对样本质量水平和分布多样性要求较高。Justesen 等[9] 引入深度神经网络模型，在大量原始对局样本的基础上，通过监督学习方法实现端到端的宏观生产决策，可以达到较强的决策运营水平。

通常大多数的 AI 程序采用预先定义的规则策略集合，根据场上局势发展选择应对策略。这类方法简单有效，具有可解释性和易调试性，但是不具备学习性与环境自适应调节的能力。为使决策博弈模型具备学习优化的能力，并且不需要依赖人类经验样本进行模型"冷启动"。本章提出一种基于策略和价值的混合式深度强化学习方法，通过博弈双方的对抗过程在线迭代优化决策行为目标，提升模型的宏观生产决策性能。

6.2.2 输入状态特征

在星际争霸的游戏设定下，由于战争迷雾的影响，对手信息只在己方单位一定范围附近才可观测。因此，输入的状态信息应包含当前观测信息与历史观测信息，其中历史观测信息为统计曾经出现的对手作战单位和建筑单位信息。为了高效表示星际争霸的复杂环境状态，不必直接采用游戏画面作为端到端模型的输入状态，而是根据不同属性的游戏数据信息将其分为两类状态表征，即一维数值信息表征和二维特征图表征。

① 一维数值信息表征，主要包括游戏运行时长、种族属性信息、经济资源持有量、对战双方的作战单位与建筑单位。作为原始数值状态输入，共有 101 个数值特征输入节点。

1 维：从开始至今的游戏运行时长。

2~5 维：对手的种族特征，包括人族、虫族、神族，以及随机。

6~7 维：人口住房占有率和气矿持有数量。

8~15 维：我方生产建筑与科技建筑持有数量。

16~24 维：对手为虫族时的生产建筑和科技建筑持有数量。

25~36 维：对手为人族时的生产建筑和科技建筑持有数量。

37~48 维：对手为神族时的生产建筑和科技建筑持有数量。

49~54 维：我方所有作战单位持有数量。

55~60 维：对手为虫族时的作战单位持有数量。

61~67 维：对手为人族时的作战单位持有数量。

68~76 维：对手为神族时的作战单位持有数量。

77~84 维：经济持有状态，包括采矿量、采气量、双方基地和工兵数量等。

85~101 维：上次的决策动作，采用独热编码表示。

通过游戏引擎进行数值提取后，得到的 101 维数值特征信息（图 6.1），按照

各自最大值进行归一化处理，即

$$f_{\text{norm}} = \frac{f_{\text{cur}} - f_{\text{min}}}{f_{\text{max}} - f_{\text{min}}} \tag{6.1}$$

其中，f_{max} 和 f_{min} 为对应特征的最大值和最小值；f_{cur} 为当前特征值，这三项特征值均根据游戏引擎提供的信息获取。

　　将输入信息归一化处理，均匀分配每个特征的影响权重，以免受到每项特殊异常值过高估计影响造成神经网络训练的不稳定。

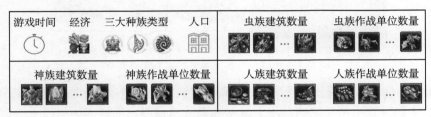

图 6.1　数值型信息特征提取

　　② 二维特征图表征，表示战场上对抗双方的兵力分布态势，有利于构建环境态势感知模块。设计尺寸为 64×64 的类似于棋盘状的二维特征图，根据游戏引擎提供视野信息下对抗双方的作战单位和建筑单位的位置信息，通过线性压缩的方式将单位分布栅格化，采用二值编码的方式填充单位位置信息。因此，两类二维特征图分别表示己方和对手的兵力分布图。同时，为进一步增强单位分布的影响效果，将每个单位的尺寸大小由原来的 1×1 扩大到 3×3。二维特征图特征提取如图 6.2 所示。

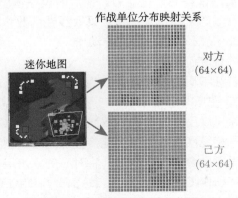

图 6.2　二维特征图特征提取

6.2.3 决策动作定义

对于星际争霸宏观生产决策场景，原始运营动作空间巨大，主要为建筑单位的生产时机与摆放位置，作战单位的生产类型与对应数量。为简化任务的动作空间并加快学习效率，构造 17 个高层生产决策指令作为动作选择。如图 6.3 所示，可生产不同的战斗兵种，建造不同的建筑单位。

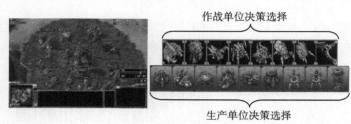

图 6.3　作战单位与建筑单位宏观生产目标

此外，为了有效评估战场局势，提高模型训练收敛效率，除原有输出部分，增加另一个决策输出网络结构，用于战场胜率关系预测。当胜率预测高于一定阈值时，操控所有己方作战单位发起进攻。作战单位根据系统内置的路径规划方法移动到指定位置进行攻击，具体动作为移动到重要战略性位置，如对手大本营、分区基地等，或者攻击指定单位，如对手生产单位、作战单位、建筑单位等。

6.2.4 决策神经网络模型结构

针对一维数值型输入向量，采取多层全连接神经网络架构，称为 NNFQ（neural network fitted Q learning）。如图 6.4 所示，NNFQ 网络模型的输入是 101 维的特征向量，两个中间隐含层网络的神经元个数分别为 100 维和 50 维，激活函数采用 ReLU 函数。该激活函数可以有效避免梯度弥散或爆炸的现象，并且计算过程简便，可以有效提高模型的逼近能力。最后的模型输出层神经元个数为 17，每个神经元对应一个有效的宏观决策动作，采取线性函数将隐含层信息直接映射至状态动作 Q 值函数，根据 Q 值选择最终动作。

对于更加丰富的二维特征图表征信息，在 NNFQ 的结构基础上引入卷积神经网络模型处理二维特征编码问题，并称其为 CNNFQ（convolutional NNFQ）。如图 6.5 所示，CNNFQ 在原有基础上引入三层卷积池化层编码二维特征信息，池化层为最大池化层，卷积核尺寸为 3×3，对应各层的通道数分别为 64、64、32。在高层网络结构将卷积神经网络模型与全连接神经网络模型进行拼接融合，再使用一层全连接隐含层提取融合信息。随后，将对应的输出层拆分为两部分，其中一部分表示对应的状态动作 Q 值函数信息。这部分与 NNFQ 输出设计一致。另一部分表示为胜率预测，通过 tanh 激活函数将输出压缩至 $(-1, 1)$。胜率信号以

1 为胜利，0 为平局，−1 为失利。

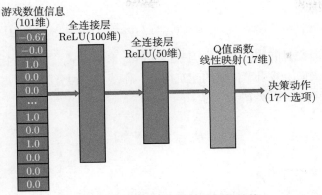

图 6.4　基于 NNFQ 的神经网络结构

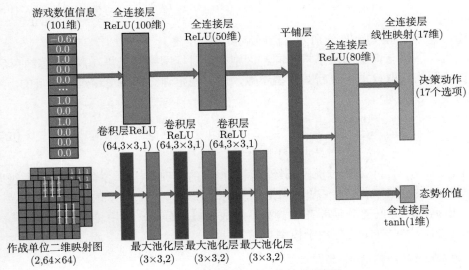

图 6.5　基于 CNNFQ 的神经网络结构

6.2.5　基于策略和价值混合式网络的决策系统优化方法

本节将星际争霸宏观生产决策定义为面向胜率优化的深度强化学习问题，提出基于策略和价值混合式网络的决策系统优化方法，结合优先级经验回放、双重 Q 神经网络，以及辅助任务训练等方式加快神经网络模型优化进程。

1. 全连接神经网络 Q 学习

针对一维数值型信息的宏观生产决策模型优化，本节提出一种适用于全连接神经网络模型优化方法。当游戏胜利时，定义第 i 步立即奖赏 $r_i = 10$，失败时 $r_i = -10$，其余情况为

$$r_i = \gamma^i \left(\text{score}_{\text{us}} - \text{score}_{\text{opp}}\right) / \max\left(\text{score}_{\text{us}}, \text{score}_{\text{opp}}\right) \tag{6.2}$$

其中，γ^i 为与游戏时间相关的折扣因子；score_{us} 和 $\text{score}_{\text{opp}}$ 分别为己方和对手的态势估计评分，来自游戏引擎提供的建筑得分、作战单位得分和资源占有得分之和。

t 时刻对应的累积奖赏 R_t 为

$$R_t = \sum_{i=t}^{t+n} \gamma^{i-t} r_i \tag{6.3}$$

其中，n 为未来奖赏步数。

若下一时刻状态 s_{t+1} 为终止状态，$V(s_{t+1}) = R_t$，否则

$$V(s_{t+1}) = R_t + \gamma Q^{\text{target}}\left(s_{t+1}, \arg\max_{a_{t+1}} Q^{\text{train}}(s_{t+1}, a_{t+1})\right) \tag{6.4}$$

其中，Q^{target} 和 Q^{train} 分别为目标网络和训练网络。

目标网络与训练网络结构相同，区别在于目标网络经过每 10 局训练结束后，从训练网络获取权重来更新其模型参数，达到稳定训练网络更新过程的目的。对应的更新公式为

$$L_Q = \frac{1}{2} \sum_{(s_t, a_t, s_{t+1}) \in (S_t, A_t, S_{t+1})} \left(V(s_{t+1}) - Q^{\text{train}}(s_t, a_t)\right)^2 \tag{6.5}$$

其中，(s_t, a_t, s_{t+1}) 为通过优先级经验回放得到的批训练样本，样本回放优先级以时间差分误差 $|V(s_{t+1}) - Q^{\text{train}}(s_t, a_t)|$ 表示。

根据对应时间差分误差在经验池下生成的概率分布，采用轮盘赌的方式考虑误差较大的数据样本优先用于模型更新。

2. 卷积神经网络 Q 学习

在优化方法的基础上，引入胜率预测辅助任务，提升模型优化效率和样本训练利用率。根据战场上对抗双方的交战兵力数量情况，定义胜率预测目标 r_{win} 为

$$r_{\text{win}} = \alpha \left(\sum_{x \in N_1} f(x) - \sum_{y \in N_2} f(y)\right) \tag{6.6}$$

其中，$x \in N_1$ 和 $y \in N_2$ 分别为己方和对手的已有作战单位类型集合；α 为缩放因子 (取值为 0.05)；函数 $f(\cdot)$ 为对应作战单位的价值评估，这里以作战单位系统内置人口统计量表示对应价值。

最后对胜率目标分别进行最大值、最小值截断，可得

$$r_{\text{win}} = \text{clip}\,(r_{\text{win}}, -\text{win}, \text{win}) \tag{6.7}$$

其中，$\text{clip}(\cdot)$ 为截断函数；为避免双曲正切激活函数的输出值陷入死区，定义胜利目标值 win 为 0.99。

因此，在 Q 学习更新的基础上，引入胜率价值评估方法作为决策模型优化的辅助训练任务，采用均方误差损失函数作为胜率逼近目标，定义为

$$L_{\text{win}} = \frac{1}{2} \sum_{s \in S} \left(r_{\text{win}} - V_{\text{win}}(s)\right)^2 \tag{6.8}$$

其中，$V_{\text{win}}(\cdot)$ 为决策模型的胜率价值输出，并通过底层神经网络权重参数共享的方式与策略 Q 输出同时训练，加快模型的迭代优化效率，得到总损失函数为

$$L_{\text{total}} = L_{\text{Q}} + \alpha_1 L_{\text{win}} \tag{6.9}$$

其中，α_1 为训练平衡系数，取值为 1。

基于 CNNFQ 的神经网络结构如图 6.6 所示。

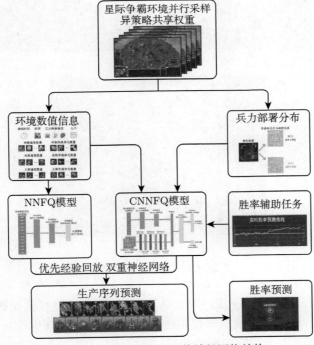

图 6.6　基于 CNNFQ 的神经网络结构

6.3 实验设置与结果分析

6.3.1 星际争霸宏观决策对抗优化场景

作为决策智能体运营训练场景,选用典型的星际争霸 1v1 训练地图。如图 6.7 所示,分别为 Flat32、Flat48 和 Simple64。我们在这三类地图上进行训练和测试。其中,Flat32 和 Flat48 皆为平坦无障碍物地图。不同于 Flat32 仅有左上和右下的两个互为对称初始点,Flat48 不但面积更大,而且具有 4 个互为对角的运营初始点,可以增加游戏策略随机性与状态空间多样性。Simple64 在三个训练地图中,环境复杂程度最高,不但面积最大,而且地形复杂度最高,包含高地、斜坡、隘口,以及障碍等多种不同地形因素。

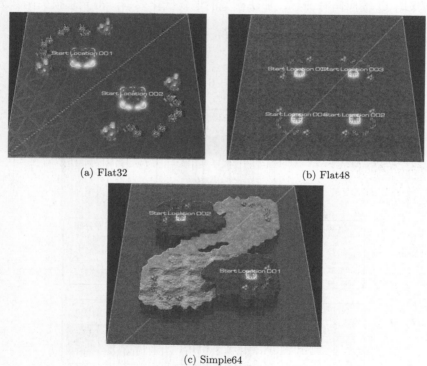

(a) Flat32   (b) Flat48

(c) Simple64

图 6.7 对抗训练地图

在星际争霸三大种族中,虫族单位具有生产效率高、规模数量扩充快、兵种属性多元化等特点,适合博弈决策优化系统的应用。为表现宏观生产决策模块 NNFQ 和 CNNFQ 对游戏人工智能的影响效果,将可优化生产决策模块内置在一个简单的星际争霸 AI 中。该 AI 只通过积攒一定数量作战单位后发动一波袭击的策略行为，不包含其他复杂的微操调度行为，在很大程度上依赖宏观运营模块的优化决策能力。

采用时间差分强化学习方法优化博弈模型，通过 n 步策略执行，预测未来奖赏，经过优先级经验回放结合异策略更新 Q 学习方法优化决策模型。学习率为 0.0013，时间差分方法中的前向统计 n 步为 10，回放经验池大小为 10 万。折扣因子 γ 为 0.99，批训练样本数为 64，探索率 ϵ 在 1000 场对抗过程中由 0.5 线性降低至 0.05，训练网络经过每 10 局训练迭代后更新至目标网络，采用 RMSProp 优化器优化目标损失函数。

6.3.2　对抗优化场景下的实验结果

针对内嵌 NNFQ 或 CNNFQ 的星际争霸 AI，分别与三大种族不同等级的游戏内置程序进行对抗学习。宏观生产决策胜率训练曲线分别如图 6.8 和图 6.9 所示。

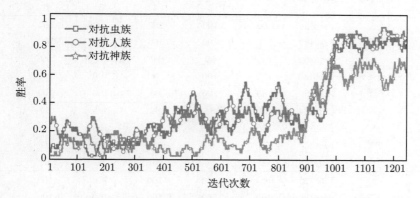

图 6.8　基于 NNFQ 的宏观生产决策胜率训练曲线

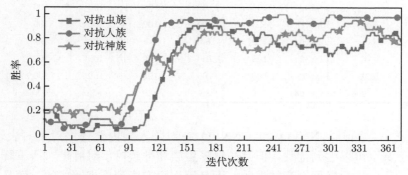

图 6.9　基于 CNNFQ 的宏观生产决策胜率训练曲线

相比 NNFQ 的训练过程，CNNFQ 的训练过程体现出三方面的提升，即 CN-

NFQ 的模型训练稳定性要优于 NNFQ；CNNFQ 的收敛效率要高于 NNFQ；CN-NFQ 的最终胜率显著高于 NNFQ。CNNFQ 的主要优势是观测输入增加了双方兵力部署二维平面图信息，以及在训练过程中增加了胜负预测辅助训练任务。前者可以有效地将对抗双方的兵力部署作为信息观测的重要组成部分，丰富系统的状态观测量，并且引入空间信息分布增强状态空间的表示性。后者主要根据双方的兵力部署进行态势评估，直接作用于二维平面视角下的兵力部署分布。两者的协作配合可以提高 CNNFQ 的学习优化效率。

为进一步测试 NNFQ 与 CNNFQ 的性能水平，将完成训练的 AI 模型与三个不同种族中难度级别由 2 级到 7 级的内置程序进行逐级对抗。由于 1 级难度较低，因此忽略。然后，分别统计对阵 50 局后的平均胜率结果，结果如表 6.1 所示。

表 6.1   NNFQ 与 CNNFQ 对抗内置程序的胜率结果   （单位：%）

训练模型	对抗种族	地图类型	内置 AI 的难度等级					
			2	3	4	5	6	7
NNFQ	人族	Flat32	100	100	100	100	100	100
		Flat48	100	100	100	96	100	100
		Simple64	100	96	92	94	90	90
	神族	Flat32	100	100	100	100	100	100
		Flat48	100	100	94	100	100	94
		Simple64	100	84	84	80	80	82
	虫族	Flat32	100	100	84	100	94	100
		Flat48	94	90	100	90	94	100
		Simple64	90	86	80	80	80	74
CNNFQ	人族	Flat32	100	100	100	100	100	100
		Flat48	100	100	100	100	100	100
		Simple64	100	100	100	100	100	100
	神族	Flat32	100	100	100	100	100	100
		Flat48	100	100	100	100	100	100
		Simple64	100	84	84	80	80	82
	虫族	Flat32	100	100	100	100	100	100
		Flat48	100	100	100	100	100	100
		Simple64	90	88	82	82	88	80

由表 6.1 可知，NNFQ 和 CNNFQ 在对阵人族内置程序对手时表现最佳，CNNFQ 甚至可以达到全胜，但是在对阵虫族和神族对手时胜率有所下降。对失利局数进行分析后发现，有些失败并不是因为生产序列不当造成的，而是微操管理不足导致无法充分发挥作战单位的作战特点。尽管如此，NNFQ 和 CNNFQ 皆证明生产序列对于全局对抗结果的重要性。

为了直观反映宏观生产决策模型所掌握的生产策略,在 NNFQ 与 CNNFQ 训练完成后,各自与三个不同种族最高等级的内置程序对抗 50 局,统计面对各种族对手下生产的作战单位分布情况。宏观决策模型生产作战单位分布分别如图 6.10和图 6.11 所示。NNFQ 决策生产的虫族作战单位种类分布较为多样,整体单位生产分布相对均衡些,但是侧面反映训练后的 NNFQ 仍未完全收敛,尚未完全适应对手策略,间接导致整体胜率偏低。

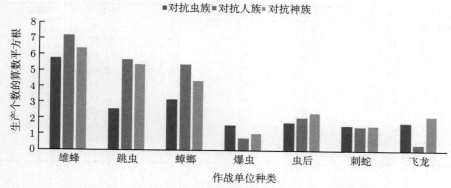

图 6.10　基于 NNFQ 的宏观决策模型生产作战单位分布

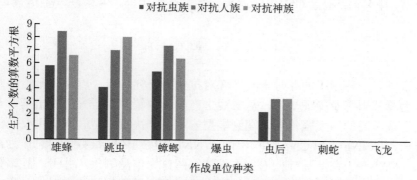

图 6.11　基于 CNNFQ 的宏观决策模型生产作战单位分布

相比 NNFQ,CNNFQ 的作战单位生产分布相对集中,主要生产雄蜂、跳虫、蟑螂和虫后这四类虫族核心作战单位。雄蜂主要负责挖掘资源获取经济。跳虫是廉价的近战攻击单位,适合在对抗前期大量生产。蟑螂是高性价比的近战作战单位,具有高护甲和快速回血的能力。虫后是高性价比的远程攻击单位,可以抵抗对手空中单位发动空袭。CNNFQ 能够将有限的资源集中应用在高性价比的单位生产上,提升资源的有效利用率,使最终的模型具有更优的决策性能表现。

6.3.3　星际争霸学生天梯赛

为进一步验证博弈决策模型的性能,将宏观生产运营模型嵌入虫族 AI 程序,NNFQ 取名为 KillAll,CNNFQ 取名为 CUBOT。同时,参加了 2018-2019 赛季的星际争霸学生天梯赛。赛制采用循环赛机制,在随机地图与随机起始位置下进行 1v1 对抗。学生组前 10 名比赛结果如表 6.2 所示。

表 6.2　2018-2019 赛季星际争霸学生天梯赛学生组前 10 名比赛结果

AI 名称	种族	胜场数	负场数	胜率/%	排名
CUBOT（CNNFQ）	虫族	85	57	59.86	1
Ecgberht	人族	79	63	55.63	2
Carsten Nielsen	神族	73	69	51.41	3
Soeren Klett	人族	73	69	51.41	4
KillAll（NNFQ）	虫族	69	73	48.59	5
MegaBot2017	神族	66	76	46.48	6
ForceBot	虫族	64	78	45.07	7
GuiBot	神族	62	80	43.66	8
Gaoyuan Chen	神族	59	83	41.55	9
insanitybot	人族	48	94	33.8	10

前 10 名的 AI 按照不同种族划分,虫族占 3 个、神族占 4 个、人族占 3 个。NNFQ 和 CNNFQ 都是在原有虫族 AI 的基础上改进宏观生产运营模块,并且分居虫族 AI 排名前两位。CNNFQ 的表现性能最为优异,并荣获学生组冠军。

6.4　本章小结

本章以复杂环境下的即时策略博弈对抗作为研究背景,以即时策略游戏星际争霸作为算法训练及验证平台,从宏观生产序列决策开展研究,提出基于策略和价值混合式学习的深度强化学习端到端型宏观生产决策模型。本章主要提出两种模型方法,即 NNFQ 和 CNNFQ。不同于 NNFQ 仅通过一维数值信息作为决策信息输入,CNNFQ 在此基础上增加二维特征图作为信息输入,并引入胜率预测任务提升模型优化效率。在与不同等级的游戏引擎内置程序的博弈对抗过程中,通过博弈胜负结果和内置评分奖赏优化生产策略模型,同时在对抗环境下的训练测试结果和星际争霸学生天梯挑战赛上均取得显著效果。

参 考 文 献

[1] Tang Z, Shao K, Zhu Y, et al. A review of computational intelligence for StarCraft AI//2018 IEEE Symposium Series on Computational Intelligence, 2018: 1167-1173.

[2]　Vinyals O, Babuschkin I, Czarnecki W M, et al. Grandmaster level in StarCraft II using multi-agent reinforcement learning. Nature, 2019, 575(7782): 350-354.

[3]　Wang X, Song J, Qi P, et al. SCC: An efficient deep reinforcement learning agent mastering the game of StarCraft II// Proceedings of the 38th International Conference on Machine Learning, 2021: 10905-10915.

[4]　Churchill D, Buro M. Build order optimization in StarCraft//Proceedings of the 7th AAAI Conference on Artificial Intelligence and Interactive Digital Entertainment, 2011: 14-19.

[5]　Synnaeve G, Bessiere P. A Bayesian model for opening prediction in RTS games with application to StarCraft//IEEE Conference on Computational Intelligence and Games, 2011: 281-288.

[6]　Cho H C, Kim K J, Cho S B. Replay-based strategy prediction and build order adaptation for StarCraft AI bots//IEEE Conference on Computational Intelligence and Games, 2013: 1-7.

[7]　Dereszynski E, Hostetler J, Fern A, et al. Learning probabilistic behavior models in real-time strategy games//Proceedings of the 7th AAAI Conference on Artificial Intelligence and Interactive Digital Entertainment, 2011: 20-25.

[8]　Wu H, Zhang J, Huang K. MSC: A dataset for macro-management in StarCraft 2. https://github.com/wuhuikai/MSC[2017-11-4].

[9]　Justesen N, Risi S. Learning macromanagement in StarCraft from replays using deep learning//IEEE Conference on Computational Intelligence and Games, 2017: 162-169.

[10]　Pang Z J, Liu R Z, Meng Z Y, et al. On reinforcement learning for full-length game of StarCraft//Proceedings of the AAAI Conference on Artificial Intelligence, 2019: 4691-4698.

[11]　唐振韬. 面向复杂对抗场景下的智能策略博弈. 北京: 中国科学院, 2021.

[12]　Tang Z, Zhao D, Zhu Y, et al. Reinforcement learning for build-order production in StarCraft II//2018 the 8th International Conference on Information Science and Technology, 2018: 153-158.

[13]　Farooq S S, Oh I S, Kim M J, et al. StarCraft AI competition report. AI Magazine, 2016, 37(2): 102-107.

[14]　Hsieh J L, Sun C T. Building a player strategy model by analyzing replays of real-time strategy games//2008 IEEE International Joint Conference on Neural Networks, 2008: 3106-3111.

[15]　Weber B G, Mateas M. A data mining approach to strategy prediction//2009 IEEE Symposium on Computational Intelligence and Games, 2009: 140-147.

第 7 章　星际争霸微操的强化学习
和课程迁移学习算法

7.1　引　　言

以星际争霸为代表的即时策略游戏被认为是人工智能研究的下一个重要挑战。即时策略（real-time strategy，RTS）游戏与棋类游戏的回合制不同，它通常是实时运行。作为流行的 RTS 游戏之一，星际争霸拥有庞大的玩家基础和众多的职业比赛。它需要复杂的策略、战术，以及快速精准的反应控制能力。对于游戏 AI 来说，星际争霸为研究不同场景下的多智能体决策问题，提供了一个理想的平台[1]。

近年来，星际争霸 AI 的研究取得令人瞩目的进展，这得益于一些星际争霸竞赛，以及游戏 AI 接口[2]。最近，研究人员开发了一些更加高效的平台来推动这一领域的发展，包括 TorchCraft 和 PySC2。星际争霸 AI 旨在解决一系列挑战，如时间空间推理、多智能体协同、对手建模、对抗规划[3]。设计一款基于机器学习方法的 AI 完成全局的星际争霸对抗面临很多困难。很多研究人员将微操作为研究星际争霸 AI 的第一步。微操是指星际争霸中的单位在微观尺度上进行的一系列操作，包括在高度动态的环境中移动及避障、使用自己的武器攻击火力范围内的对手单位、躲避敌人的进攻等。目前已经有很多针对星际争霸微操的方法，包括用于空间导航和避障的影响力地图[4]、处理游戏中的不完全和不确定信息的贝叶斯建模[5]、处理建造顺序规划和单位控制的启发式博弈树搜索[6]，以及控制单智能体的基于人工提取特征的神经进化方法[7]。

强化学习非常适合解决序列决策任务。在星际争霸微操任务中，强化学习方法已经有一些初步的尝试。Shantia 等[8] 利用视觉网格获取地图信息，使用在线 Sarsa 和带有短期记忆奖赏函数的神经网络近似 Sarsa 来控制单位的攻击和撤退。这种方法依赖人工设计特征，而且输入节点的数量必须随单位数量的变化而改变。采用增量学习将任务扩展到有 6 个单位的场景中，胜率仍然低于 50%。Wender 等[9] 在微操中使用不同的强化学习算法，包括 Q 学习和 Sarsa。他们训练一个强大的单位对抗多个弱战斗力单位，不需要考虑多单位间的协同。

近几年，深度学习在处理复杂问题上取得令人瞩目的成果，并且可以极大提高传统强化学习算法的泛化能力和可扩展性。深度强化学习可以让智能体学会如何通过端到端的方法在高维状态空间中作决策。Usunier 等[10] 提出一种基于深度神经网络处理微操问题的强化学习方法，通过使用贪心 MDP，在每个时间步上有序地为单位选择动作，并通过零阶优化更新模型。这种方法能够获取游戏的全局状态，控制己方单位。Peng 等使用执行器-评价器方式和循环神经网络处理星际争霸中的对抗。单位的依赖关系由隐含层中的双向循环神经网络建模，而梯度的更新通过整个网络高效传播。与上述集中式控制器不同，Foerster 等[11] 提出一种多智能体执行器-评价器方法解决分布式的微操任务。这种方法使用反事实优势函数处理多智能体间的信誉分配问题。相较于集中式强化学习控制器，集中式训练分布式执行能显著提高学习性能。

对星际争霸微操来说，传统方法难以处理复杂状态动作空间和学习协同策略。深度强化学习方法由于引入了深度学习，通常需要强大的计算能力。另外，使用无模型强化学习方法学习微操需要大量的训练时间，在大规模场景中，这种情况尤为明显。本章探索高效的状态表示，解决由高维状态空间引发的复杂度，同时提出一种高效的强化学习算法来解决星际争霸微操中的多智能体决策问题[12]。此外，还引入课程迁移学习，将强化学习模型扩展到多种场景，可以显著提升样本利用率[13,14]。

本章内容包括三部分。

① 针对星际争霸微操中的高维状态空间问题，提出一种高效的状态表示方法。这种状态表征考虑单位的属性与距离，并且允许双方使用任意数量的单位。相比其他方法，这里的状态表征更加高效、简洁。

② 针对微操中多单位学习决策问题，提出一种共享参数多智能体梯度下降 Sarsa(λ) 算法。智能体共享策略网络的参数，同时使用所有智能体的经验更新策略。这种方法能有效训练同类单位，并且鼓励合作行为。为了解决稀疏和延迟奖赏问题，设计包含内在奖赏的奖赏函数来加速训练过程。

③ 针对多场景的泛化问题，提出一种课程迁移学习方法来扩展模型适应多种场景。与没有使用迁移学习相比，这种方法在训练速度和学习效果上得到了巨大提升。在大规模场景中，我们使用课程迁移学习方法训练多智能体击败内置 AI。所提方法的胜率优于一些基准方法。

7.2 星际争霸微操任务分析与建模

7.2.1 问题定义

在星际争霸微操中，需要控制一组单位在特定的地形条件下摧毁敌人。多个单位的战斗场景被近似为一个马尔可夫博弈，即 MDP 向多智能体的延伸[11,15]。在一个有 n 个智能体的马尔可夫博弈中，状态 $s \in S$ 用来描述所有智能体的属性和环境信息,动作 $a_1, a_2, \cdots, a_n \in A$ 以及观测信息 $o_1, o_2, \cdots, o_n \in O$ 用来描述每个智能体的动作和观测。在微操战斗中,各方的单位需要相互合作才能战胜对手。为了保持框架的灵活性且不限制单位的数量,设定我方的每一个单位都把其他单位当作环境的一部分,由当前全局状态获得针对自身的当前观测 $S \rightarrow O_i$。每个单位根据自身的观测量决定动作,并与环境进行交互。我们用 $s \times a_1 \times \cdots \times a_n \rightarrow s'$ 表示状态 s 在所有单位的动作作用下转移到下一个状态 s',$r_1, \cdots, r_n$ 对应每个单位获得的奖赏。为了实现多智能体的协同,策略在所有单位间共享。每个单位的目标都是最大化其累积奖赏。

为了解决星际争霸微操中的多智能体决策问题,使用强化学习方法。强化学习以试错机制进行学习,多个智能体通过与环境的交互决定理想的行为。近期,基于深度神经网络的强化学习算法被用来学习多智能体间的通信[16]、合作-竞争行为[15],以及解决不完全信息问题[17]。本章使用一种多智能体强化学习方法,通过智能体之间的共享策略学习合作行为。智能体共享策略网络的参数,并且以所有智能体的经验更新策略,从而更有效地训练同类智能体。

7.2.2　高维状态表示

星际争霸的状态表示是一个没有统一解决方案的开放性问题。我们设计了一种状态表示,包含不同数据类型和维度的游戏数据,如表 7.1 所示。这里提出的状态表示方法是高效的,并且独立于作战单位数目。网络的状态输入由三部分组成,即当前时刻的状态信息、上一时刻的状态信息、上一时刻的动作。当前时刻的状态信息包括我方武器冷却时间、我方单位血量、我方单位距离信息、对手单位距离信息和地形中障碍物的距离信息。上一时刻包含的状态信息与当前时刻相同。上一时刻动作作为输入有助于强化学习的训练。这种状态表示方法具有很好的泛化能力,可应用于类似的需要考虑智能体属性和距离信息的对抗游戏中。

表 7.1　模型中输入数据的类型和维度

输入	冷却时间	血量	我方距离和	我方最大距离	对手距离和	对手最大距离	障碍物距离	动作
类型	实数	实数	实数	实数	实数	实数	实数	独热编码
维度	1	1	8	8	8	8	8	9

所有实数类型的输入都按它们的最大值进行归一化处理。我们将智能体周围的作战区域平均划分为 8 个扇形区域,计算每个区域内的距离信息。单位距离信息如下。

① OwnSumInfo:各区域我方单位的距离值之和。

② OwnMaxInfo:各区域我方单位的最大距离值。

③ EnemySumInfo:各区域对手单位的距离值之和。

④ EnemyMaxInfo：各区域对手单位的最大距离值。

如果一个邻域单位超出中心单位的视野范围 D，则将邻域单位的距离值 dis_unit 设为 0.05；否则，距离值与该单位到中心单位的距离 d 呈线性下降关系，即

$$\text{dis\_unit}(d) = \begin{cases} 0.05, & d > D \\ 1 - 0.95d/D, & d \leqslant D \end{cases} \tag{7.1}$$

此外，还计算了 8 个区域的地形距离值 dis_terrain。如果障碍物在中心单位的视线范围外，则该距离值设为 0；否则，该值与障碍物到中心单位的距离呈线性下降关系，即

$$\text{dis\_terrain}(d) = \begin{cases} 0, & d > D \\ 1 - d/D, & d \leqslant D \end{cases} \tag{7.2}$$

通过这种状态表示，当前时刻的状态信息有 42 个维度。上一时刻动作有 9 个维度，被选择的动作设为 1，其余动作设为 0。最终，模型中的状态表示可以融合为 93 个维度。

7.2.3　动作定义

在星际争霸微操场景中，原始动作空间巨大。在每一个时间步，每个单位可以在地图任意方向上移动任意距离。当单位决定攻击时，它可以选择武器射程内的任何对手单位。为了简化动作空间，选择 8 个移动动作和一个攻击动作作为可选动作集。当选择的动作为移动时，我方单位将从上、下、左、右、左上、右上、左下、右下 8 个方向中选择一个，并移动固定的距离。当选择的动作为攻击时，我方单位将停留在当前位置，并选择武器攻击范围内血量最低的对手单位为攻击目标。实验结果表明，这种动作集在游戏中可以高效地控制我方单位。

7.2.4　网络结构

由于我方单位的观测数据是高维且连续的，因此很难应用表格强化学习来学习一个最优策略。为了解决这个问题，使用一个神经网络作为状态动作价值函数逼近器来提高强化学习模型的泛化能力。神经网络的输入是 93 维状态表示张量，隐含层有 100 个神经元。激活函数采用 ReLU。不同于 Sigmoid 或 tanh 这些饱和非线性函数，ReLU 是一个非饱和非线性函数，不具有梯度消失的问题，可以保证模型的有效训练。

神经网络的输出层有 9 个神经元，分别代表 8 个移动和 1 个攻击动作的 Q 值。根据各个动作 Q 值的大小，选择输出合适的动作执行。图 7.1 给出了在星际争霸微操场景中个体学习模型。

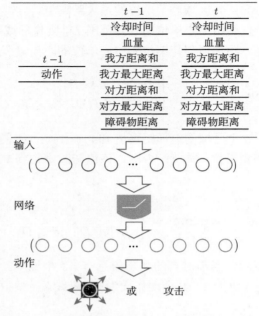

图 7.1   星际争霸微操场景中个体学习模型示意图

7.3   基于强化学习的星际争霸多单位控制

本节将星际争霸微操设置为一个多智能体强化学习问题,提出共享参数多智能体梯度下降 Sarsa(λ)(parameter sharing multi-agent gradient descent Sarsa(λ),PS-MAGDS)方法训练智能体,并设计一种奖赏函数作为内部奖赏促进学习过程。星际争霸微操场景中的共享参数多智能体梯度下降 Sarsa(λ) 示意图如图 7.2 所示。

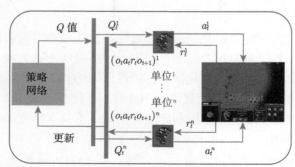

图 7.2   星际争霸微操场景中的共享参数多智能体梯度下降 Sarsa(λ) 示意图

7.3.1　共享参数多智能体梯度下降 Sarsa(λ) 算法

本节提出一种多智能体强化学习算法，通过在我方单位之间共享策略网络的参数，将传统的 Sarsa(λ) 扩展到多单位场景。为加速学习过程并解决延迟奖赏问题，使用资格迹方法。作为强化学习的基本机制，资格迹被用于分配时间信用，它不仅考虑最后一个状态动作对的值，还考虑在此之前的值。通过这种方法，可以解决游戏环境中的延迟奖赏问题。具有资格迹的 Sarsa(λ) 是对多个步骤的轨迹进行平均的一种方法，λ 决定每个轨迹的权重。本节多单位作战中的 Sarsa(λ) 使用神经网络作为函数逼近器，并在我方所有单位之间共享网络参数。尽管只训练一个网络，但是每个单位仍然可以有不同的表现。因为每个单位都会接受不同的观察作为神经网络输入。

为了有效更新神经网络，使用梯度下降方法训练 Sarsa(λ) 强化学习模型。下式给出了强化学习的更新过程，即

$$\delta_t = r_{t+1} + \gamma Q(o_{t+1}, a_{t+1}; \boldsymbol{\theta}_t) - Q(o_t, a_t; \boldsymbol{\theta}_t)$$

$$\boldsymbol{\theta}_{t+1} = \boldsymbol{\theta}_t + \alpha \delta_t \boldsymbol{e}_t \tag{7.3}$$

$$\boldsymbol{e}_t = \gamma \lambda \boldsymbol{e}_{t-1} + \nabla_{\boldsymbol{\theta}_t} Q(o_t, a_t; \boldsymbol{\theta}_t)$$

其中，$\boldsymbol{e}_t$ 为在时间步 t 的资格迹，并且在每条轨迹开始时被重置为 0，即 $e_0 = 0$。

强化学习中一个具有挑战性的问题是探索与利用之间的平衡。如果根据当前的策略选择每一步的最佳行动，模型很容易陷入局部最优。相反，如果倾向于在动作空间中进行探索，那么模型将难以收敛。在实验中，使用 ϵ-贪心策略选择训练动作，更具体的是以概率 $1 - \epsilon$ 选择当前的最佳动作，以概率 ϵ 选择随机的探索动作，即

$$a = \begin{cases} \text{randint}(N_a), & \text{random}(0, 1) < \epsilon \\ \arg\max_a Q(o, a), & \text{其他} \end{cases} \tag{7.4}$$

其中，N_a 为智能体动作空间的维度。

使用指数形式的衰减实现 ϵ-贪心策略。ϵ 初始化为 0.5，并且随着训练局数 n_{ep} 的增加根据下式而衰减，即

$$\epsilon = 0.5/\sqrt{1 + n_{\text{ep}}} \tag{7.5}$$

算法 7.1 给出了参数共享多智能体梯度下降 Sarsa(λ) 方法。

算法 7.1 参数共享多智能体梯度下降 Sarsa(λ) 方法

1: 初始化智能体间共享策略的参数 $\boldsymbol{\theta}$
2: Repeat （对于每局游戏）:
3:　　$e_0 = \mathbf{0}$
4:　　初始化 s_t
5:　　Repeat （对于每一步）:
6:　　　　Repeat （对于每个智能体）:
7:　　　　　　获取 o_t，执行 a_t，获取 r_{t+1} 和下一时刻观测信息 o_{t+1}
8:　　　　　　根据 ϵ-贪心策略采取动作 a_{t+1}
9:　　　　　　If random$(0,1) < \epsilon$
10:　　　　　　　　$a_{t+1} = \text{randint}(N)$
11:　　　　　　else
12:　　　　　　　　$a_{t+1} = \arg\max_a Q(o_{t+1}, a; \boldsymbol{\theta}_t)$
13:　　　　Repeat （对于每个智能体）:
14:　　　　　　更新 TD 误差、权重和资格迹
15:　　　　　　$\delta_t = r_{t+1} + \gamma Q(o_{t+1}, a_{t+1}; \boldsymbol{\theta}_t) - Q(o_t, a_t; \boldsymbol{\theta}_t)$
16:　　　　　　$\boldsymbol{\theta}_{t+1} = \boldsymbol{\theta}_t + \alpha \delta_t \boldsymbol{e}_t$
17:　　　　　　$\boldsymbol{e}_{t+1} = \gamma \lambda \boldsymbol{e}_t + \nabla_{\boldsymbol{\theta}_{t+1}} Q(o_{t+1}, a_{t+1}; \boldsymbol{\theta}_{t+1})$
18:　　　　　　$t \leftarrow t+1$
19:　　until s_t 为终止状态

7.3.2 奖赏函数

奖赏函数为强化学习智能体提供有用的反馈，对学习结果非常重要。星际争霸微操的目标是摧毁对手的所有单位。如果仅使用最终结果作为奖赏，则奖赏函数会非常稀疏且延迟。为克服微操中稀疏延迟的奖赏问题，我们设计了一个即时奖赏函数。所有智能体会在每个时间步获得由他们的攻击动作造成的奖赏，数值由敌方单位受到的伤害减去我方单位损失的血量，即

$$r_t = \frac{1}{10}[\text{amount}_t^{\text{ATK}} \times \text{ATK} - \rho \times (\text{hp}_{t-1}^{\text{unit}} - \text{hp}_t^{\text{unit}})] \tag{7.6}$$

其中，$\text{amount}_t^{\text{ATK}}$ 为由我方单位攻击造成的伤害量；ATK 为我方单位的攻击力；hp^{unit} 为我方单位的血量。

将奖赏除以一个常量 10，以便将其调整到一个更合适的范围，令 ρ 为平衡我方单位和对手单位总血量的归一化因子，即

$$\rho = \sum_{i=1}^{H} \text{hp}_i^{\text{enemy}} \bigg/ \sum_{j=1}^{N} \text{hp}_j^{\text{unit}} \tag{7.7}$$

其中，H 为对手单位的数量；N 为我方单位的数量。

这个归一化因子在星际争霸微操中是必要的，因为这些任务具有不同数量和类型的单位，如果没有适当的归一化，我方单位需要更多的训练时间来学习有用的动作，否则策略网络将难以收敛。

除了基本的攻击奖赏，还可以引入一些额外奖赏作为加速训练过程的内部奖赏。当一个单位被摧毁时，引入额外的负面奖赏，数据上设为 −10 来惩罚我方单位的减少对战斗结果造成的不好影响。此外，为鼓励我方多个单位作为一个团队采取合作行动，我们对单位的移动动作引入一个小的奖赏。如果在移动方向上没有我方单位或对手单位，我们给这个移动动作一个较小的负值奖赏，数值上取 −0.5。实验结果表明，这种奖赏对学习效果有一定的提升。因此，当单位被摧毁时 $r_{sc} = -10$, 移动惩罚 $r_{sc} = -0.5$, 其余情况下 $r_{sc} = r_t$。

7.3.3　帧跳跃

在视频游戏中应用强化学习时，需要注意动作的连续性。由于星际争霸微操的实时属性，在每个游戏帧进行动作选择是不切实际的。一种可行的方法是使用跳帧技术，每间隔固定数量的游戏帧后选择和执行新的动作，而在间隔的游戏帧期间不改变动作。然而，小的跳帧数目会让训练数据产生强的关联，大的跳帧数目会减少有效训练样本的个数。参考的相关工作[10]，在小规模微操场景中尝试多种跳帧设置（8、10、12），并根据尝试结果在最终实验中将跳帧数目设为 10，即单位每 10 帧更新一次动作。

7.3.4　课程迁移学习

通常情况下，无模型强化学习方法需要大量样本来学习最优策略。在星际争霸微操中，由于单位和地形的不同，不同场景中从零开始学习到有效的策略需要花费大量的训练时间。许多研究人员致力于在不同但相关的任务中利用领域知识来提高学习速度和性能。其中使用最广的方法是迁移学习。迁移学习是一种任务间的泛化，可以将知识从源任务迁移到目标任务。通过在相同的模型架构中复用模型参数，迁移学习可以扩展到强化学习问题[18,19]。星际争霸微操中的迁移学习先在源场景中用强化学习方法训练模型，然后以训练好的模型为出发点来学习目标场景中的微操。

作为迁移学习的一种特殊形式，课程学习包括一组通过逐渐增加难度而组织起来的任务。前期的任务用来指导学习者，使其能更好地完成最终的任务[20]。课程学习与迁移学习的组合——课程迁移学习（curriculum transfer learning，CTL），在一些文献中表现出良好的性能。它可以加速学习过程，并朝着更好的方向收敛[21]。对于微操来说，使用课程迁移的一个可行方法是先掌握一个简单的场景，存储源任务中的知识并逐步应用到 M 个课程任务来更新知识，基于这些知识解决复杂的场景，最终应用到目标任务上。通过改变单位的数量和类型，可以控制微操的难度。图 7.3 给出了我们在一系列难度递增的微操场景中的课程迁移学习示意图。

图 7.3　课程迁移学习示意图

7.4　实验设置和结果分析

7.4.1　星际争霸微操场景设置

考虑多个单位的星际争霸微操场景（图 7.4），包括巨人 vs. 狂热者、巨人 vs. 小狗、枪兵 vs. 小狗。

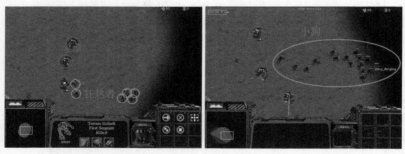

(a) 巨人vs.狂热者　　　　　　　　　(b) 巨人vs.小狗

(c) 枪兵vs.小狗

图 7.4　星际争霸微操场景示意图

① 在第一种场景中，我方控制 3 个巨人对抗敌方的 6 个狂热者。由表 7.2 可

知，对手单位在单位数量、血量和攻击力方面有优势。相比之下，我方单位的射程有优势。

② 在第二种场景中，我方控制 3 个巨人对抗敌方的 20 只小狗。我方的巨人单位在血量、攻击力和射程等具有优势，但敌方有更多的单位和更少的武器冷却时间。

③ 在第三种场景中，我方控制多达 20 名枪兵对抗敌方的 30 只小狗。对手单位在速度和数量上有优势，而我方单位在射程和攻击力方面有优势。

表 7.2　　微操场景中不同单位的属性比较

属性	巨人	狂热者	小狗	枪兵
种族	人族	神族	虫族	人族
血量	125	160	35	40
武器冷却时间	22	22	8	15
攻击力	12	16	5	6
防御力	1	1	0	0
射程	5	1	1	4
视野	8	7	5	7

上述三种场景中，第一和第二个是小规模微操，最后一个是大规模微操。所有场景的敌方单位都由内置程序控制。当任何一方所有单位都被消灭时，比赛终止。在这些场景中，星际争霸的人类初学者无法击败内置程序。白金级玩家在 100 场比赛内的平均胜率低于 50%。

强化学习模型的超参数设置为折扣因子 $\gamma = 0.9$、学习率 $\alpha = 0.001$、资格迹参数 $\lambda = 0.8$。此外，每局的最大步数设为 1000。为了加速学习过程，通过将 GameSpeed 设置为 0 使游戏以最大速度运行。实验部署在一个配备 Intel i7-6700 CPU 和 16GB 内存的计算机上。

7.4.2　结果讨论

本节分析不同微操场景中的实验结果，并讨论强化学习模型的性能。在小规模场景中，使用第一个场景作为起始状态来训练作战单位。在后续场景中，引入迁移学习把模型扩展到更大的战斗场景中。星际争霸微操的目标是在给定的场景中打败敌人并提高获胜的概率。分析训练过程中的胜率、存活步数和平均奖赏，以及学到的策略来更好地理解我们的模型。

1. 小规模的微操

首先，考虑小规模微操问题，在第一个场景中训练巨人单位对抗敌人。然后，在第二个场景中，基于第一个场景训练好的模型，使用迁移学习方法训练巨人。这两种场景都经过 4000 局和总共超过 100 万步的训练。

1）巨人 vs. 狂热者

这个场景从零开始训练巨人并分析结果。

① 胜率。首先分析移动奖赏对强化学习模型效果的影响。为了评估胜率，每经历 200 局的训练对模型进行 100 局比赛的测试。3 个巨人对抗 6 个狂热者场景中的我方胜率训练曲线如图 7.5 所示。可以看出，巨人单位在 1400 局训练之前无法赢得任何一场战斗。随着训练的推进，作战单位开始赢下一些战斗。在 2000 局以后，胜率开始大幅上升。经过 3000 局的训练，采用移动奖赏的我方单位最终达到 100% 的胜率，胜率也大幅超过无移动奖赏的微操单位。

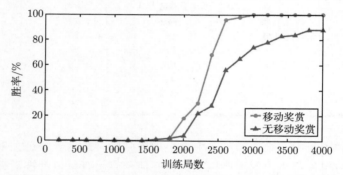

图 7.5　3 个巨人对抗 6 个狂热者场景中的我方胜率训练曲线

② 存活步数。如图 7.6 所示，平均存活步数的曲线分为四个阶段。在开始阶段，存活步数很少，因为巨人刚开始学习还没掌握合适的技能，很快会被对手消灭。第 2 阶段，巨人开始意识到血量的减少会带来负面的奖赏。他们学会了逃离敌人，存活步数也达到一个较高的水平。在第 3 阶段，存活步数又开始下降，这是因为巨人学会了攻击来获得正向的奖赏，而不是一味地逃跑。在第 4 阶段，巨人学到一个合适的策略来平衡移动和攻击，并且能在 300 步内消灭敌人。

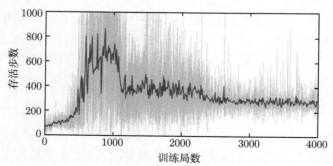

图 7.6　3 个巨人对抗 6 个狂热者场景中的我方存活步数训练曲线

③ 平均奖赏。通常来说，一个强大的游戏 AI 在微操场景中应该尽快打败敌人。考虑平均奖赏，即一局战斗中的全局奖赏除以存活步数。如图 7.7 所示，平均奖赏在开局阶段呈现明显地上升，随着训练的增加，上升速度逐渐变缓，在接近 3000 局以后曲线基本保持平滑。

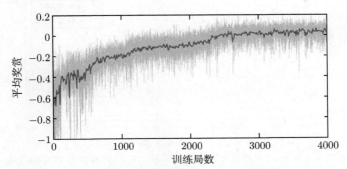

图 7.7　3 个巨人对抗 6 个狂热者场景中的我方平均奖赏训练曲线

2）巨人 vs. 小狗

在这个场景中，对手变成大量的小狗。我们将第一个场景中训练好的模型初始化神经网络，并与从零开始的学习效果进行比较。

① 胜率。如图 7.8 所示，从零开始训练时，学习过程非常缓慢，我方单位在 1800 局比赛前无法赢得比赛。在没有使用模型迁移的情况下，经过 4000 局的训练，我方单位的获胜概率低于 60%。当基于第一个场景训练好的模型继续训练时，学习过程要快很多，即使在训练初期，我方单位也赢得几场比赛，并且最终胜率达到 100%。

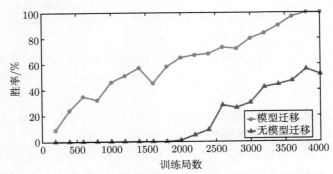

图 7.8　3 个巨人对抗 20 只小狗场景中的我方胜率训练曲线

② 存活步数。如图 7.9 所示，在没有使用模型迁移的情况下，曲线走势和第一个场景类似。在训练过程中，平均存活步数在一开始都有明显的增加，随着训

练的进行逐渐变缓。在使用模型迁移的情况下，平均存活步数在整个训练过程中稳定在 200~400。一种可能的解释是，我方单位已经从训练好的模型中学会一些基本的移动和攻击技巧。它们会利用这些技能加速训练进程。

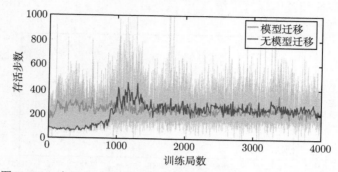

图 7.9   3 个巨人对抗 20 只小狗场景中的我方存活步数训练曲线

③ 平均奖赏。如图 7.10 所示，从零开始训练时，我方单位在训练初期很难赢得比赛，平均奖赏在 1000 局之前处于很低的水平。相比之下，使用模型迁移的平均奖赏要高很多，并且在整个训练过程中都表现得更好。

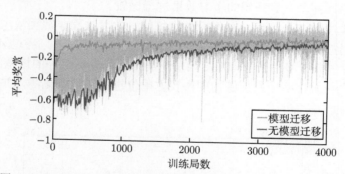

图 7.10   3 个巨人对抗 20 只小狗场景中的我方平均奖赏训练曲线

2. 大规模的微操

在大规模微操场景中，使用课程迁移学习训练我方的枪兵单位与小狗单位对抗，并将结果与一些基准方法进行比较。

针对两种不同规模枪兵对小狗的微操场景，我们分别设计了包含三个阶段的课程来训练作战单位，如表 7.3 所示。训练完成后，在两个目标场景中测试模型的性能，分别是 10 个枪兵对 13 只小狗 (M10 vs. Z13) 和 20 个枪兵对 30 小狗 (M20 vs. Z30)。此外，我们选择一些基准方法进行对比，包括基于规则的方法和深度强化学习方法。

表 7.3　　枪兵对小狗微操场景中课程设计

场景	阶段 1	阶段 2	阶段 3
M10 vs. Z13	M5 vs. Z6	M8 vs. Z10	M8 vs. Z12
M20 vs. Z30	M10 vs. Z12	M15 vs. Z20	M20 vs. Z25

① Weakest。基于规则的方法，攻击射程内生命力最低的单位。

② Closest。基于规则的方法，攻击射程内距离最近的单位。

③ GMEZO。深度强化学习方法，基于零阶优化，在星际争霸微操任务中优于传统的强化学习方法[10]。

④ BicNet。深度强化学习方法，基于执行器-评价器架构，在多数星际争霸微操任务中有较好的表现。

表 7.4 展示了 PS-MAGDS 方法和其他基准方法的胜率比较。在每个场景中，通过 100 局比赛计算模型的胜率。在 M10 vs. Z13 的场景中，PS-MAGDS 的胜率是 97%，远高于其他方法，包括基于深度强化学习方法的 GMEZO 和 BicNet。在 M20 vs. Z30 场景中，PS-MAGDS 的胜率表现也非常出色。

表 7.4　　在大规模微操场景中不同方法的胜率比较

场景	Weakest	Closest	GMEZO	BicNet	PS-MAGDS
M10 vs. Z13/%	23	41	57	64	**97**
M20 vs. Z30/%	0	87	88.2	**100**	92.4

测试场景包括课程场景和未知场景，胜率比较如表 7.5 所示。可以看到，PS-MAGDS 在这些课程场景中有出色的表现。在未知场景中增加单位数量后，PS-MAGDS 依然有令人满意的结果。

表 7.5　　课程场景和未知场景中的胜率比较

训练场景	测试场景	胜率/%	训练场景	测试场景	胜率/%
M10 vs. Z13	M5 vs. Z6（课程场景）	80.5	M20 vs. Z30	M10 vs. Z12（课程场景）	99.4
	M8 vs. Z10（课程场景）	95		M15 vs. Z20（课程场景）	98.2
	M8 vs. Z12（课程场景）	85		M20 vs. Z25（课程场景）	99.8
	M10 vs. Z15（未知场景）	81		M40 vs. Z60（未知场景）	80.5

7.4.3　策略分析

在星际争霸微操中，不同类型的单位具有不同的技能和属性，玩家需要学习如何实时控制单位的移动和攻击。如果设计基于规则的方法解决这个问题，就必须考虑大量的条件。实际上，星际争霸的初学者很难赢得上述场景中的任何一场，所以这些策略行为是非常复杂和难以学习的。通过强化学习和课程迁移学习，我方单位能够在这些场景中掌握一些有用的策略。下面对这些策略进行简要地分析。

1. 分散对手火力

在小规模的微操中，我方的巨人单位必须与拥有更多数量和总血量的敌人进行对抗。如果我方单位聚在一起，与对手单位面对面作战，他们很快就会被消灭而失败。合适的策略是分散对手火力，一个一个地摧毁对手。在第一个场景中，我方的巨人单位在训练后学会了分散狂热者。在开始的时候，我方单位把敌人分散成几个部分，然后先消灭一处的敌人。随后，获胜的巨人单位会和其他的巨人汇合，并帮助对抗敌人。最后，我方单位把火力集中在剩余的敌人身上，并摧毁它们。为了更好地理解，选择一些战斗过程中的游戏重放录像，并在图 7.11 中画出单位的移动和攻击方向。浅色的线代表移动方向，深色的线代表攻击方向。

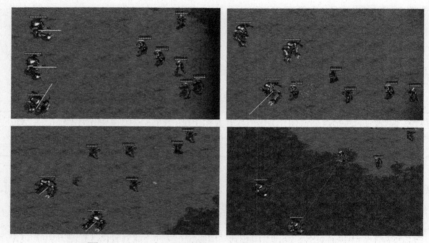

图 7.11   3 个巨人对抗 6 个狂热者的游戏回放图

类似的策略也出现在第二个场景中。此时，对手有更多数量的单位，而且小狗单位的冲击有很大的伤害力。这在星际争霸游戏中经常被使用。我方的巨人单位将小狗分散成几个组，并与它们保持一定的距离。当单位的武器处于有效冷却状态时，它们停止移动，然后攻击敌人，如图 7.12 所示。

2. 保持队形

在大规模的微操场景中，每一方都有大量的单位。枪兵单位是小型地面部队，血量较少。如果他们分散在多个小群体中分别作战，很容易无法抵抗敌人。一个合适的策略是让所有枪兵保持在一个团队中，以相同方向前进，并攻击相同的目标，如图 7.13 所示。从这些游戏画面可知，我方的枪兵单位已经学会了集体前进和撤退。

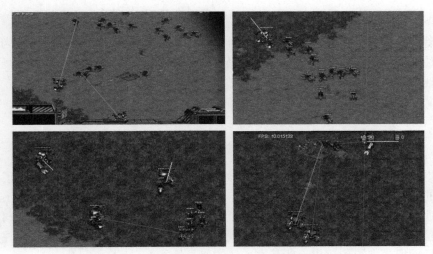

图 7.12　3 个巨人对抗 20 只小狗的游戏回放图

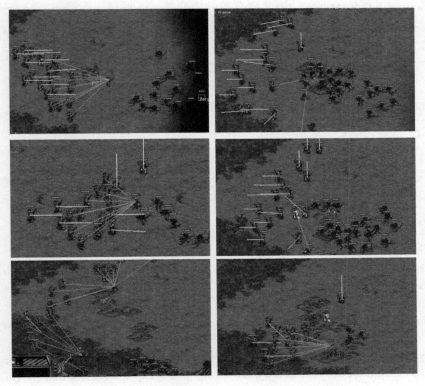

图 7.13　20 个枪兵对抗 30 只小狗的游戏回放图

3. 边跑边打

除了上面讨论的全局策略，我方单位在训练期间也学到一些局部的行为。其中，边跑边打是星际争霸微操中使用最广泛的一种战术。我方单位在所有场景中都快速学到这一策略，包括图 7.11 和图 7.12 中单个单位的边跑边打和图 7.13 中一个队伍的边跑边打。

7.5　本 章 小 结

本章关注即时策略游戏星际争霸微操场景中的多单位控制问题，设计了一种高效的状态表示方法降低状态的维度，提出共享参数多智能体梯度下降 Sarsa(λ) 算法训练智能体协同决策，同时设计了有效的奖赏函数和将模型扩展到不同场景的课程迁移学习方法。在小规模和大规模场景中，验证了方法的有效性，并且在两个目标场景中得到超出一些基准方法的优异性能。

值得注意的是，提出的方法能够在不同场景中学会合适的策略并击败内置程序。通过共享策略网络的参数，使用包含其他单位信息的状态表征方法和内部奖赏函数，我方单位能够成功地学到有效的协同策略。然而，所提方法没有很好地解决多智能体间的信誉分配问题，每个智能体在学习策略时只考虑最大化自己的局部奖赏，而没有很好地考虑全局奖赏。此外，参数共享 Sarsa(λ) 算法是一种同策略的方法，不能高效地利用历史经验数据。这些内容可作为进一步研究考虑的方向。

本章开源程序链接为 https://github.com/DRL-CASIA/StarCraft-AI。

参 考 文 献

[1] Lara-Cabrera R, Cotta C, Fernandez-Leiva A J. A review of computational intelligence in RTS games//IEEE Symposium on Foundations of Computational Intelligence, 2013: 114-121.

[2] Robertson G, Watson I. A review of real-time strategy game AI. AI Magazine, 2014, 35(4): 75-104.

[3] Ontanon S, Synnaeve G, Uriarte A, et al. A survey of real-time strategy game AI research and competition in StarCraft. IEEE Transactions on Computational Intelligence and AI in Games, 2013, 5(4): 293-311.

[4] Hagelback J. Hybrid pathfinding in StarCraft. IEEE Transactions on Computational Intelligence and AI in Games, 2016, 8(4): 319-324.

[5] Synnaeve G, Bessire P. Multiscale Bayesian modeling for RTS games: An application to StarCraft AI. IEEE Transactions on Computational Intelligence and AI in Games, 2016, 8(4): 338-350.

[6]　Churchill D, Michael B. Incorporating search algorithms into RTS game agents//The 8th Artificial Intelligence and Interactive Digital Entertainment Conference, 2012: 2-7.

[7]　Gabriel I, Negru V, Zaharie D. Neuroevolution based multi-agent system for micro-management in real-time strategy games//Balkan Conference in Informatics, 2012: 32-39.

[8]　Shantia A, Begue E, Wiering M. Connectionist reinforcement learning for intelligent unit micro management in StarCraft//International Joint Conference on Neural Networks, 2011: 1794-1801.

[9]　Wender S, Watson I. Applying reinforcement learning to small scale combat in the real-time strategy game StarCraft:Broodwar//IEEE Conference on Computational Intelligence and Games, 2012: 402-408.

[10]　Usunier N, Synnaeve G, Lin Z, et al. Episodic exploration for deep deterministic policies: An application to StarCraft micromanagement tasks//Proceedings of the 6th International Conference on Learning Representations, 2017: 1-12.

[11]　Foerster J, Farquhar G, Afouras T, et al. Counterfactual multi-agent policy gradients//The 32nd AAAI Conference on Artificial Intelligence, 2018: 2974-2982.

[12]　邵坤. 基于深度强化学习的游戏智能决策. 北京: 中国科学院自动化研究所, 2019.

[13]　Shao K, Zhu Y, Zhao D. StarCraft micromanagement with reinforcement learning and curriculum transfer learning. IEEE Transactions on Emerging Topics in Computational Intelligence, 2019, 3(1): 73-84.

[14]　Shao K, Zhu Y, Zhao D. Cooperative reinforcement learning for multiple units combat in StarCraft//2017 IEEE Symposium Series on Computational Intelligence, 2017: 1-6.

[15]　Lowe R, Yi W, Aviv T. Multi-agent actor-critic for mixed cooperative-competitive environments//Advances in Neural Information Processing Systems, 2017: 6382-6393.

[16]　Sukhbaatar S, Szlam A, Fergus R. Learning multiagent communication with back-propagation//Advances in Neural Information Processing Systems, 2016: 2244-2252.

[17]　Marc G B, Yavar N, Joel V, et al. The Arcade learning environment: An evaluation platform for general agents. Journal of Artificial Intelligence Research, 2013, 47: 253-279.

[18]　Taylor M E, Stone P. Transfer learning for reinforcement learning domains: A survey. Journal of Machine Learning Resarch, 2009, 10: 1633-1685.

[19]　Pan S J, Yang Q. A survey on transfer learning. IEEE Transactions on Knowledge and Data Engineering, 2010, 22(10): 1345-1359.

[20]　Bengio Y, Louradour J, Collobert R, et al. Curriculum learning//Proceedings of the 26th Annual International Conference on Machine Learning, 2009: 41-48.

[21]　Dong Q, Gong S, Zhu X. Multi-task curriculum transfer deep learning of clothing attributes//IEEE Winter Conference on Applications of Computer Vision, 2017: 520-529.

第 8 章　星际争霸微操的可变数量多智能体强化学习算法

8.1　引　　言

  强化学习是一类重要的机器学习方法，根据其应用场景的不同，又可分为单智能体强化学习和多智能体强化学习，前者应用在单智能体系统而后者应用在多智能体系统。在单智能体强化学习中，智能体通过与环境交互获取数据。数据包括智能体从环境得到的当前时刻的状态、智能体根据我方策略与当前时刻的状态进行决策并反馈给环境的动作，以及智能体在当前时刻的状态下执行此动作得到的奖赏。强化学习使用 MDP 进行建模，以最大化累积奖赏为目的优化策略[1]。多智能体强化学习将强化学习应用在多智能体系统中，同样进行上述交互过程。受其他智能体执行动作的影响，环境对任意单一智能体而言是动态不稳定的[2]。本章使用联合观测动作价值函数分解方法，可以在一定程度上解决信誉分配问题，使多智能体系统能够更好地考虑全局奖赏。

  在多智能体问题中，智能体的数量和智能体的动作空间常常会随时间发生变化，尤其是星际争霸微操场景具有上述特点。首先是智能体的数量会随着战斗的进行而减少，与此同时智能体的动作空间会由于攻击目标的减少而发生改变。值得注意的是，这种变化并不是环境本身的性质，而是与整个多智能体系统密切相关。如果智能体不攻击敌军，那么敌军的数量就不会减少，智能体动作空间也不会发生变化。因此，选择这类场景验证多智能体强化学习算法，以及多智能体算法的可扩展性。星际争霸 II 是一款即时策略游戏，在游戏的过程中会涉及多兵种协同作战的场景[3]，同时环境中包含十分丰富的信息，选择其作为实验环境不仅能够有效地验证多智能体强化学习算法的能力，其包含的丰富信息也能为算法在现实世界中的部署提供帮助。

8.2　背景知识与相关工作

8.2.1　多智能体强化学习

  将强化学习算法拓展至多智能体领域就是多智能体强化学习，但是在多智能体系统中进行学习要比单智能体的学习要复杂许多。多智能体强化学习考虑一个随机博弈或马尔可夫博弈问题 $(S, \mathcal{N}, U, \mathcal{T}, \mathcal{R})$。该问题是马尔可夫过程在多智能体系统中的扩展[2]。该问题组成要素的定义如下。

① S：多智能体系统的联合状态空间，在不完全信息博弈问题中应当为多智能体系统的联合观测空间。

② $\mathcal{N}$：多智能体系统中所有智能体的集合。

③ U：多智能体系统中所有智能体执行动作的笛卡儿乘积集合称为联合动作空间，表示为 $U = A_1 \times \cdots \times A_n$，其中 $A_i, i \in \mathcal{N}$ 为单智能体的动作空间。

④ $\mathcal{T}$：多智能体系统中联合状态的转移过程。

⑤ $\mathcal{R}$：多智能体系统中的奖赏函数，表示为 $\mathcal{R} = \mathcal{R}_1 \times \cdots \times \mathcal{R}_n$，其中 $\mathcal{R}_i, i \in \mathcal{N}$ 为单智能体的奖赏函数。

除此之外，区别于单智能体强化学习，多智能体系统中引入了联合动作和联合观测的概念。给定任一智能体 i，将其他所有智能体集合定义为 $-i = \mathcal{N}/i$，则多智能体系统的联合动作可以写为 $\boldsymbol{u}_t = (u_{i,t}, \boldsymbol{u}_{-i,t})$，其中 $u_{i,t}$ 为智能体 i 对应的动作，$\boldsymbol{u}_{-i,t}$ 为其他智能体集合对应的联合动作。多智能体策略的集合组成联合策略 $\boldsymbol{\pi}(o_t) = \Pi_i \pi_i(o_{i,t})$，其中 o_t 为时刻 t 下多智能体系统中所有智能体观测的集合，即联合观测；$o_{i,t}$ 为智能体 i 在时刻 t 的局部观测。在多智能体系统中，需要在执行联合策略的前提下，对智能体的策略进行评估。智能体对应的观测价值函数计算方法为

$$V_i^\pi(o_t) = \sum_{\boldsymbol{u} \in U} \pi(o_t, \boldsymbol{u}_t) \sum_{o_{t+1} \in S} \mathcal{T}(o_t, u_{i,t}, u_{-i,t}, o_{t+1})(r_{t+1} + \gamma V_i^\pi(o_{t+1})) \quad (8.1)$$

相应地，在多智能体系统中，根据智能体对应的观测价值函数定义的最优策略为

$$\begin{aligned}
\pi_i^*(o_t, u_{i,t}, \boldsymbol{\pi}_{-i}) &= \arg\max_{\pi_i} V_i^{(\pi_i, \boldsymbol{\pi}_{-i})}(o_t) \\
&= \arg\max_{\pi_i} \sum_{\boldsymbol{u} \in U} \pi_i(o_{i,t}, u_{i,t}) \boldsymbol{\pi}_{-i}(o_t^{-i}, u_t^{-i}) \\
&\times \sum_{o_{t+1} \in S} \mathcal{T}(o_t, u_{i,t}, \boldsymbol{u}_{-i,t}, o_{t+1})(r_{t+1} + \gamma V_i^{(\pi_i, \pi_{-i})}(o_{t+1}))
\end{aligned} \quad (8.2)$$

在多智能体强化学习中，系统不满足单智能体强化学习所要求的马尔可夫性，即 $P[s_{t+1}|s_t] = P[s_{t+1}|s_1, \cdots, s_t]$。马尔可夫性要求环境未来的状态转移和奖赏等因素仅取决于当前时刻的状态，但是在多智能体系统中，对于任一智能体而言，由于其他智能体决策的影响，环境已经不再是静态的，因此仅凭借单智能体强化学习的方法解决多智能体问题时容易出现学习不稳定的现象。

8.2.2 联合观测动作价值函数分解

在纯合作目标下，算法需要最大化的是多智能体系统执行联合动作获得的累加奖赏，将多智能体系统执行联合动作的价值定义为联合观测动作价值函数 $Q(o_t, u_t)$。在集中式训练分布式执行（centralized training with decentralized execution，CTDE）的框架下，算法需要对联合观测动作值进行合适地分解，以正确评估多智能体系统中各个智能体对集体的贡献。给定某一时刻所有智能体的局部观测与动作，我们期望联合观测与联合动作应当满足独立全局最大化（individual global max，IGM）条件[4]，即使联合观测动作值函数最大化对应的联合动作，应当是任一智能体对应的观测动作价值函数均取得最大化时对应动作的集合。该条件形式化的定义为

$$\arg\max_{u_t} Q(o_t, u_t) = \begin{bmatrix} \arg\max_{u_{1,t}} Q_1(o_{1,t}, u_{1,t}) \\ \vdots \\ \arg\max_{u_{n,t}} Q_n(o_{n,t}, u_{n,t}) \end{bmatrix} \tag{8.3}$$

在实践中，如何设计观测动作价值函数，并正确地处理智能体局部观测动作价值函数与联合观测动作价值函数之间的关系，是解决多智能体强化学习问题的关键。基于值分解的多智能体强化学习算法考虑将联合观测动作价值函数 $Q(o_t, u_t)$ 进行分解，将分解的值分配给每一个智能体，用来表示该智能体的贡献，正确地进行值分解可以在一定程度上解决多智能体强化学习问题。作为式 (8.3) 的一类特殊表述，考虑一种可微的联合观测动作价值函数 $Q(o_t, u_t)$，满足式 (8.3) 的充分条件是式 (8.4) 表述的单调性条件[4]，即联合观测动作价值函数对任一智能体对应的观测动作价值函数求导得到的导数非负，即

$$\frac{\partial Q}{\partial Q_i} \geqslant 0, \quad i \in \mathcal{N} \tag{8.4}$$

基于值分解的方法可以提供显式的联合观测动作价值函数。算法可以通过这一函数对联合动作进行评估与优化，并获得最优联合策略。与此同时，使用联合观测动作价值函数描述联合动作的价值，这使基于值分解的方法具有更好的可解释性。基于此，本章提出一种新的网络结构表示联合观测动作价值函数，以适应多智能体系统中智能体数量变化的问题。

8.2.3 相关工作

本节主要介绍多智能体强化学习中的相关文献工作。在非完全信息博弈的多智能体系统中，智能体无法观测到环境中的所有信息。在纯合作场景下，多智能体系统需要完成协作才能共同实现某一目标。为解决上述问题，一类多智能体强

化学习算法采用独立学习的方式，允许智能体单独进行学习。独立学习算法最早始于文献 [5]，通过让每一个智能体使用 Q 学习算法实现合作策略。上一章使用独立学习的范式，通过高效的状态表征和课程迁移学习的方式提高智能体策略的性能。Tampuu 等[6] 提出独立 Q 学习（independent Q-learning，IQL）算法，将 DQN 算法[7] 引入多智能体强化学习中处理高维观测。其他的一些独立学习算法包括文献 [8]、[9] 等。但是，由于多智能体系统的特性，独立学习的算法面临环境非静态的问题，这是因为对每一个智能体而言，其环境的性质受到其他智能体策略的影响，因此算法往往难以收敛[10]。

另一类多智能体强化学习算法则是集中式学习算法，将多智能体系统视为一个整体进行学习。这样能克服上述环境非静态的问题。Qin 等[11] 在执行器-评价器架构下提出相关算法。Sun 等[12] 则考虑多智能体系统下的多任务问题。然而，集中式学习中多智能体系统的动作空间大小随智能体数量的增加呈指数增长，而且无法适应智能体数量的变化。因此，另一种集中式训练分布式执行的方法是在独立学习和集中式学习中找到平衡，通过在训练时使用集中式结构缓解环境非静态的问题，在执行阶段使智能体分布式地执行动作，防止动作空间的指数级增长。在此基础上，Lowe 等[13] 基于执行器-评价器框架，为整个系统提供集中式的评价器，以及为每个智能体提供分布式的执行器。Foerster 等[14] 通过计算一个反事实基准，在固定其他智能体动作的情况下边缘化地评估一个智能体的动作，同时使用一个集中式的评价器估计联合观测动作值。

CTDE 算法中的另一类是基于价值函数。其主要任务是准确地估计智能体的观测动作值，以及多智能体系统整体的联合观测动作值。Sunehag 等[15] 提出的价值分解网络（value decomposition networks，VDN）算法考虑将团队共同的观测动作价值函数进行可加性分解，即等于所有智能体观测动作值之和。Rashid 等[4] 提出的 QMIX 算法使用一个引入全局状态信息的混合网络进行非线性的值分解，并在分解过程中满足多智能体合作的条件。Son 等[16] 提出的 QTRAN 算法将逼近联合观测动作价值函数的过程进行分解，引入局部价值函数、联合观测动作价值函数与状态价值函数优化值分解过程。Wang 等[17] 和 Wang 等[18] 通过为智能体分配不同的角色，令角色相同的智能体共享相同的策略来缩减搜索空间。Wang 等[19] 提出的动作语义网络（action semantics network，ASN）通过考虑智能体之间的动作语义，提升 VDN 和 QMIX 算法中智能体网络的性能。

在多智能体问题中，智能体的数量和动作空间经常会随时间发生变化，要求算法随这些变化能够更灵活地改变其结构，进而更准确地评估观测动作值。但是，上述算法都无法在这种情况下取得理想的表现。因此，本章的目标是在不进行智能体间通信的情况下，将多智能体强化学习算法应用在星际争霸 II 的微操场景中，尤其是解决智能体数量与动作空间可变的问题。为此，使用基于值分解的多智能体强化学习算法解决现有算法中智能体数量和动作空间上的局限性。下面详细介绍基于值分解方法中的经典算法。

1. VDN 算法

VDN 算法中心化地训练一个联合观测动作价值函数 $\boldsymbol{Q}(\boldsymbol{o}_t, \boldsymbol{u}_t)$。这个函数是所有智能体对应的观测动作价值函数的加和[15]。式 (8.5) 展示了该联合观测动作价值函数的计算方式，即

$$\boldsymbol{Q}(\boldsymbol{o}_t, \boldsymbol{u}_t) = \sum_{i=1}^{n} Q_i(o_{i,t}, u_{i,t}; \theta_i) \tag{8.5}$$

其中，θ_i 为智能体对应的观测动作价值函数的参数。

VDN 使用权重共享的方法，即每一个智能体对应的参数 θ_i 是一致的。通过在训练时中心化地优化联合观测动作价值函数，VDN 算法可以在一定程度上解决由于环境在训练过程中非静态带来的难以收敛的问题。VDN 算法使用集中式训练分布式执行框架进行值分解，指导智能体对应的观测动作价值函数的优化，并期望将取得智能体最优策略以组合成多智能体系统的最优联合策略。在训练结束时，联合观测动作价值函数无须保存，通过去中心化执行，每个智能体能够仅依赖我方获取的局部观测信息进行决策，保证算法的灵活性。与此同时，VDN 算法使用的值分解方法是将联合观测动作价值函数定义为智能体对应的观测动作价值函数之和。这样的分解方式显然能够满足式 (8.4) 的单调性条件，但是由于其在训练时，智能体获取到的局部观测为非完全信息，在联合观测动作价值函数的计算中没有全局状态信息的指导，因此算法的表现仍有待提高。

2. QMIX 算法

QMIX 延续了 VDN 算法集中式训练分布式执行的思想，并选择使用一个神经网络表示联合观测动作价值函数。该神经网络以一个与所有智能体相关的向量作为输入。该向量的元素是所有智能体的观测动作值，定义为

$$\text{input} = [Q_1(o_{1,t}, u_{1,t}), \cdots, Q_i(o_{i,t}, u_{i,t}), \cdots, Q_N(o_{n,t}, u_{n,t})] \tag{8.6}$$

其中，$Q_i(o_{i,t}, u_{i,t})$ 为智能体 i 在时刻 t 观测下执行动作 $u_{i,t}$ 的价值。

如图 8.1 所示，其主要部分是左侧的混合网络。该神经网络共有两层，其对应的权重与偏置均通过不同的超网络计算得到，其中每个超网络均以多智能体系统的全局状态信息 s_t 作为输入。为了保证联合观测动作价值函数满足式 (8.4) 的单调性条件，QMIX 算法取该神经网络权重的绝对值保证导数非负。通过引入全

局状态信息，QMIX 算法以星际争霸 II 微操场景为实验平台证明其出色表现，但是由于使用神经网络表示联合观测动作价值函数，网络的输入是固定维度的向量，因此即使有智能体控制的单位阵亡，该智能体对应的观测动作值仍然存在，从而限制算法在星际争霸 II 微操场景中性能的进一步提升。

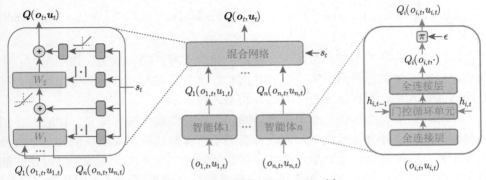

图 8.1　QMIX 网络结构示意图[4]

3. QTRAN 算法

QTRAN 算法[16] 进一步细化联合观测动作价值函数的分解过程，引入联合观测动作价值函数、联合观测价值函数和联合观测动作价值函数的近似函数。

① $Q(o_t, u_t)$：联合观测动作价值函数，用于评估多智能体系统联合动作的价值。

② $V_{jt}(o_t)$：联合观测价值函数，用于评估多智能体系统联合观测的价值。

③ $\hat{Q}(o_t, u_t)$：联合观测动作价值函数的近似函数，等于所有智能体对应的观测动作价值函数的和，即

$$\hat{Q}(o_t, u_t) = \sum_{i=1}^{n} Q_i(o_{i,t}, u_{i,t}) \tag{8.7}$$

这三个函数满足如下关系，即

$$\hat{Q}(o_t, u_t) - Q(o_t, u_t) + V_{jt}(o_t) = \begin{cases} 0, & u_t = u_t^* \\ \geqslant 0, & u_t \neq u_t^* \end{cases}$$

$$V_{jt}(o_t) = \max_{u_t} Q(o_t, u_t) - \sum_{i=1}^{N} Q_i(o_{i,t}, u^*_{i,t}) \tag{8.8}$$

其中，u_t^* 代表最优联合动作，即使联合观测动作价值函数取最大化的联合动作。

QTRAN 算法能够在联合观测价值函数的帮助下，更容易地根据智能体对应的观测动作价值函数逼近联合观测动作价值函数。

除了式 (8.8) 引出的基础算法 QTRAN，还提出另一套网络结构 QTRAN-alt，引入一个比式 (8.8) 更强的约束，即

$$\min_{u_{i,t}\in U}[\hat{\boldsymbol{Q}}(\boldsymbol{o}_t,u_{i,t},\boldsymbol{u}_{-i,t})-\boldsymbol{Q}(\boldsymbol{o}_t,u_{i,t},\boldsymbol{u}_{-i,t})+V_{jt}(\boldsymbol{o}_t)]=0,\quad i\in[1,\mathcal{N}] \qquad (8.9)$$

QTRAN 为所有智能体分配一个神经网络来计算其隐含状态。该状态为一个向量。同时，使用神经网络表示联合观测动作价值函数与联合观测价值函数，神经网络的输入是所有智能体对应的隐含状态之和。

本节介绍多智能体强化学习的背景知识，对相关概念进行定义。同时，介绍多智能体系统在纯合作场景中，其联合观测动作价值函数需要满足的独立全局最大化条件。除此之外，还介绍相关的多智能体强化学习算法。本章主要讨论智能体数量会发生变化的场景，而上述算法都不能很好地扩展至这类场景中。因此，下面介绍一种能够适应智能体数量和动作空间大小变化的网络结构，即自加权混合网络及其对应的智能体网络，并将该算法命名为多智能体可变网络（unshaped networks for multi-agent systems，UNMAS）。

8.3　可变数量多智能体强化学习

将多智能体强化学习算法实际应用在星际争霸 II 微操场景中是具有挑战性的，多智能体系统能够拥有出色表现的前提是每一个智能体都学习到一个合理的观测动作价值函数。上一章已经介绍了其他相关工作是如何解决多智能体合作问题的，但是仍然存在智能体数量固定与智能体动作空间固定这两个局限性。为此，本节提出一种新的网络结构表示联合观测动作价值函数，可以在一定程度上解决智能体数量固定的局限性，能够更准确地对联合观测动作值进行估计；提出新的智能体网络用于表示对应的观测动作价值函数，在一定程度上解决智能体动作空间固定的局限性。该算法能够解决智能体数量固定与智能体动作空间固定的局限性，因此能够更好地将多智能体强化学习算法应用于星际争霸 II 的微操场景中。下面从上述三个部分详细展开，同时给出联合观测动作价值函数的设计，使其满足式 (8.4) 的单调性条件。

8.3.1　自加权混合网络

如图 8.2 所示，自加权混合网络用于拟合联合观测动作价值函数。由于算法采用 CTDE 结构，因此联合观测动作价值函数仅在训练时被使用。该混合网络的

权重和偏置是由一系列超网络生成的。这些超网络的输入是多智能体系统的全局状态 s_t 和智能体的观测 $o_{i,t}$。

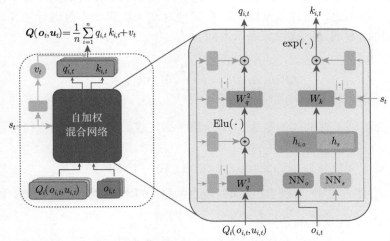

图 8.2　自加权混合网络结构示意图

在联合观测动作价值函数的原始定义中，该函数以多智能体系统的联合观测和联合动作作为输入，并将其映射到实数空间中。在 CTDE 框架下，联合观测动作价值函数收集智能体的观测动作值作为输入。这样的方式可以对过去复杂且庞大的计算进行精简，降低计算量。UNMAS 与其他以 CTDE 为框架的算法存在明显的差别，其中最大的就是 UNMAS 的联合观测动作价值函数无须在训练之前就固定输入维度，而是根据环境中智能体的数量而改变。UNMAS 使用自加权混合网络表示多智能体系统的联合观测动作价值函数，对于每个智能体，它输出以下两个标量，即

$$q_{i,t} = W_q^2 \cdot \mathrm{Elu}(W_q^1 \cdot Q_i(o_{i,t}, u_{i,t}; \theta_i) + b_q^1) + b_q^2$$
$$k_{i,t} = W_k \cdot (h_{i,o}, h_s) + b_k$$

(8.10)

其中，$q_{i,t}$ 为智能体观测动作值经过自加权网络非线性变换后的结果；$k_{i,t}$ 为该结果在联合观测动作值中所占的权重；Elu[20] 为非线性激活函数；$Q_i(o_{i,t}, u_{i,t}; \theta_i)$ 为智能体 i 的观测动作价值函数，由之后将要介绍的智能体网络表示；W_q^1、W_q^2 和 W_k 为图 8.2 所示的自加权网络的权重项；b_q^1、b_q^2 和 b_k 为偏置项，它们都由超网络计算得到；$h_{i,o}$、h_s 为网络 NN_o、NN_s 的输出，$h_{i,o}$、h_s 的串联结果作为网络 (W_k, b_k) 的输入。

通过使用自加权混合网络评估每一个智能体的贡献，UNMAS 可以适应训练

中智能体数量的变化。以星际争霸 II 微操场景为例，智能体数量的减少源于敌方
攻击造成的智能体死亡。除此之外，自加权网络的权重和偏置都是通过一系列超
网络，以全局状态为输入计算得到的，因此即使在 $q_{i,t}$ 和 $k_{i,t}$ 的计算中没有使用
其他智能体的信息，自加权网络仍能准确地对联合观测动作值进行估计。联合观
测动作价值函数通过下式进行表示，即

$$Q(o_t, u_t; \theta) = \frac{1}{n} \sum_{i=1}^{n} q_{i,t} \cdot k_{i,t} + v_t \tag{8.11}$$

其中，n 为时刻 t 智能体的数量；v_t 为超网络生成的联合观测动作价值函数的偏
置项。

为了适应智能体数量的变化，式 (8.11) 使用智能体的数量 n 来平均加权和
$\sum\limits_{i=1}^{n} q_{i,t} \cdot k_{i,t}$。除此之外，我们让自加权混合网络中的权重项取其绝对值，以保证其
能够满足式 (8.4) 所示的条件。

定理 8.1   对于一个完全合作的任务，如果使用图 8.2 所示的自加权混合网络
表示多智能体系统的联合观测动作价值函数，那么这种分解方式满足 IGM 条件。

证明：将联合观测动作价值函数拆分成如下形式，即

$$\begin{aligned}
Q(o_t, u_t; \theta) &= \frac{1}{n} \sum_{i=1}^{n} q_{i,t} \cdot k_{i,t} + v_t \\
&= \frac{1}{n} \sum_{i=1}^{n} (W_q^2 \cdot \mathrm{Elu}(W_q^1 \cdot Q_i + b_q^1) + b_q^2) \\
&\quad \times \exp[W_k \cdot (h_{i,o}, h_s) + b_k] + v_t
\end{aligned} \tag{8.12}$$

联合观测动作价值函数对每一个智能体观测动作值的导数如下，其中所有元
素都是非负的，即

$$\frac{\partial Q}{\partial Q_i} = \frac{2}{n} \cdot W_q^2 \cdot \frac{\partial \mathrm{Elu}(W_q^1 \cdot Q_i + b_q^1)}{\partial Q_i} \cdot \exp[W_k \cdot (h_{i,o}, h_s) + b_k], \quad i \in \mathscr{N} \tag{8.13}$$

由于我们将 Elu 函数的参数 α 设为 1，因此偏导数 $\partial \mathrm{Elu}(W_q^1 \cdot Q_i + b_q^1)/\partial Q_i$
可以写成如下形式，即

$$\frac{\partial \mathrm{Elu}(W_q^1 \cdot Q_i + b_q^1)}{\partial Q_i} = \begin{cases} W_q^1 \cdot e^{W_q^1 \cdot Q_i + b_q^1}, & W_q^1 \cdot Q_i + b_q^1 \geqslant 0 \\ W_q^1, & W_q^1 \cdot Q_i + b_q^1 < 0 \end{cases} \tag{8.14}$$

　　由于自加权混合网络的权重都取绝对值，因此该偏导数也非负。根据单调性条件，这样的分解方式满足 IGM 条件。　　　　　　　　　　　　　　　□

　　通过自加权混合网络，算法可以适应智能体数量发生变化的场景。

8.3.2　适应动作空间变化的智能体网络

　　智能体网络用于拟合智能体的观测动作价值函数。多智能体系统中每一个智能体的网络都共享同一套参数。为了使得智能体适应其动作空间大小的变化，可以将智能体的动作空间分割为面向环境的流和面向单位的流。前者的大小是固定的，其中包含的动作是智能体用于与环境进行交互的，后者的大小则是可变的，其中包含的动作是随着整个环境中智能体的数量而发生变化的。以星际争霸 II 微操环境为例，面向环境的动作包括停止移动和上下左右四个方向的移动动作，而面向单位的动作则是以某一敌军为目标的攻击动作，因此该流的大小也会随着可攻击敌军数量的变化而变化。

　　基于对智能体动作空间的划分，我们提出图 8.3 所示的智能体网络。其中，面向环境的流以观测为输入，它包含三个全连接层 $\mathrm{FC}_j^e, j = 1, 2, 3$ 和一个门控循环单元（gated recurrent unit，GRU）[21] 层 GRU_1^e。GRU 层用于解决部分可观测马尔可夫问题，引入这一个网络能够更有效地估计智能体当前时刻的状态。在时刻 t，GRU 层额外地输入一个隐含状态 $h_{i,t}$ 作为智能体历史信息的编码，同时输出下一个隐含状态供下一时刻使用。另外，GRU 层的主输出部分用于评估面向环境的动作，计算对应的观测动作值，即

$$Q_{i,t}^e(o_{i,t}^e, h_{i,t}, \cdot),\ h_{i,t+1} = \mathrm{NN}_i^e(o_{i,t}^e, h_{i,t}) \tag{8.15}$$

其中，$Q_{i,t}^e$ 为智能体 i 执行面向环境的动作的观测动作值；$o_{i,t}^e$ 为面向环境的观测，描述智能体 i 观测到的整体环境的信息；$h_{i,t+1}$ 为下一时刻 $t+1$ 的隐含状态；NN_i^e 为面向环境的流的神经网络的简短表示。

　　面向单位的流以面向单位的观测作为输入，并输出对应面向单位的动作观测动作值。值得一提的是，$o_{(i \to j),t}^{\mathrm{unit}}$ 与面向环境的观测截然不同，它描述的是在智能体 i 的角度对目标单位 j 的观测。以星际争霸 II 微操环境为例，如果此时场景中存在三个敌军单位，那么面向单位的流就以智能体对这三个敌军的观测作为输入，而输出则是智能体分别选择攻击这三个敌军得到的观测动作值。由于敌军数量就是攻击目标的数量，会随着时间而变化，因此对应的面向单位的观测和动作的数量也会发生变化。除此之外，将两个流的第一层网络的输出进行串联形成一个向量，并将这个向量输入面向单位的流的第二层网络，最后计算得到面向单位的动作的评估结果，即

$$\text{vector} = [h_{e,t}, h^{\text{unit}}_{(i \to j),t}]$$

$$Q^{\text{unit}}_{(i \to j),t}(o^{\text{unit}}_{(i \to j),t}, u^{\text{unit}}_{(i \to j),t}) = \text{FC}^{\text{unit}}_2(\text{vector}) \tag{8.16}$$

其中，vector 为 $h_{e,t}$ 和 $h^{\text{unit}}_{(i \to j),t}$ 的串联结果；$h_{e,t}$ 和 $h^{\text{unit}}_{(i \to j),t}$ 为面向环境的流和面向单位的流第一层网络的输出；$Q^{\text{unit}}_{(i \to j),t}(o^{\text{unit}}_{(i \to j),t}, u^{\text{unit}}_{(i \to j),t})$ 为智能体 i 采用针对目标单位 j 的动作得到的观测动作价值函数；$\text{FC}^{\text{unit}}_2$ 为面向单位的流的第二层网络。

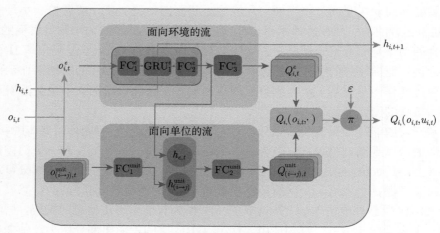

图 8.3   智能体网络结构示意图

由于是串联操作，面向单位的流接受从面向环境的流中编码的历史信息，因此不需要为其额外分配一个 GRU 层就可以较好地评估对应的动作。处于简化表述的目的，将两类观测简化到一个变量中 $o_{i,t} = (o^e_{i,t}, o^{\text{unit}}_{(i \to j),t})$，并且将两个流输出的观测动作价值函数 $Q^e_{i,t}$ 和 $Q^{\text{unit}}_{(i \to j),t}$ 进行串联，得到智能体的观测动作价值函数 $Q_i(o_{i,t}, \cdot)$。在 QMIX 等算法中，它们的智能体网络没办法适应智能体动作空间发生变化的场景，它们仅使用一个网络评估所有动作，而没有考虑这些动作的意义，因此也会为那些无效的动作计算观测动作值，从而降低估计精度。

8.3.3   可变网络的训练算法

前面介绍了 UNMAS 在联合观测动作价值函数和智能体网络中的设计，下面介绍 UNMAS 的训练方法，即多智能体系统如何从初始策略提升我方性能。

UNMAS 采用 CTDE 的结构，在训练时使用自加权混合网络用中计算多智能体系统的联合观测动作价值函数，而在执行阶段则仅使用智能体网络分布式地进行决策来保证算法的可扩展性。因此，UNMAS 的训练主体为联合观测动作价值函数，将多智能体系统视作一个整体，使用单智能体强化学习的训练方法优化联合观测动作价值函数。由于自加权混合网络的输入是各个智能体的观测动作价值函数，而这些观测动作价值函数是通过智能体网络计算得到的，因此可以同时更新自加权混合网络和适应动作空间变化的智能体网络的参数。算法 8.1 展示了 UNMAS 训练算法。下面详细解释。

算法 8.1 UNMAS 训练算法

1: 初始化经验池 D 和随机动作选择概率 ϵ；
2: 使用随机参数初始化 $\boldsymbol{\theta}$ 和 θ_i；
3: 初始化目标网络参数：$\theta_i^- = \theta_i, \boldsymbol{\theta}^- = \boldsymbol{\theta}$；
4: **for** episode $= 1$ to M **do**
5: 　**for** $t = 0, \cdots, T$ **do**
6: 　　收集多智能体系统全局状态 $\boldsymbol{s}_t$；
7: 　　**for** 每一个智能体 i **do**
8: 　　　收集智能体局部观测 $o_{i,t}$ 并以 ϵ 的概率随机选择一个动作；
9: 　　　以 $1 - \epsilon$ 的概率估计观测动作值 $Q_i(o_{i,t}, \cdot; \theta_i)$ 并选择一个贪心动作；
10: 　　**end for**
11: 　　在环境中执行联合动作 $\boldsymbol{u}_t$，收集下一个联合观测 o_{t+1}，下一个全局状态 $\boldsymbol{s}_{t+1}$ 和奖赏 r_{t+1}；
12: 　　将决策转移历史 $(\boldsymbol{o}_t, \boldsymbol{u}_t, r_{t+1}, \boldsymbol{o}_{t+1})$ 存储到 D；
13: 　　将状态转移历史 $(s_{i,t}, s_{i,t+1})$ 存储到 D；
14: 　　**if** 经验池 D 已经存满 **then**
15: 　　　从 D 中采样 b 组数据；
16: 　　　使用自加权混合网络按照式 (8.11) 估计联合观测动作值 $\boldsymbol{Q}(o_l, \boldsymbol{u}_l; \boldsymbol{\theta})$；
17: 　　　按照式 (8.17) 计算更新目标 y_k^{joint}，并根据式 (8.18) 所示的损失函数更新网络参数；
18: 　　**end if**
19: 　　按照目标更新周期替换目标网络参数 $\theta_i^- = \theta_i, \boldsymbol{\theta}^- = \boldsymbol{\theta}$；
20: 　**end for**
21: 　衰减探索率 ϵ；
22: **end for**

首先，UNMAS 在训练上采用经验池这一技术。算法 8.1 的第一行对经验池进行初始化。该经验池用于存储在智能体的历史经验，即一组决策历史。考虑非完全信息博弈问题，因此经验中的状态应替换为观测，即 $o_{i,t}$。由于 UNMAS 是集中式训练分布式执行的结构，多智能体系统被视作一个整体，系统中智能体的观测与动作历史会按照时间步共同储存。与此同时，经验池具有一定的容量，是需手动设置的超参数。当经验池存储的经验量等于其最大容量时，算法从经验池中随机采样并进行更新。

接下来，对 UNMAS 中的两个网络分别参数初始化。这两个网络分别表示

UNMAS 的联合观测动作价值函数和智能体对应的观测动作价值函数。除此之外，UNMAS 使用强化学习中常用的技巧，即设置结构相同但参数滞后的目标网络。UNMAS 中自加权混合网络和智能体网络的参数分别为 $\boldsymbol{\theta}$ 和 θ_i，将其合并表示，则有 $\theta = \{\theta_i, \boldsymbol{\theta}\}$。目标网络在训练过程中用于计算联合观测动作价值函数的更新目标，这样做的目的是防止 Q 学习过程中的过估计问题。奖赏和下一时刻状态计算得到的更新目标为

$$
\begin{aligned}
y_k^{\text{joint}} &= r_{k+1} + \gamma \boldsymbol{Q}(o_{k+1}, \bar{u}_{k+1}; \boldsymbol{\theta}^-) \\
\bar{u}_{k+1} &= \arg\max_u Q_i(o_{i,k+1}, u; \theta_i^-)
\end{aligned}
\tag{8.17}
$$

其中，$\bar{u}_{k+1}$ 为目标动作，可通过最大化智能体观测动作价值函数得到；$\boldsymbol{\theta}^-$ 和 θ_i^- 为自加权混合网络和智能体网络分别对应的目标网络参数。

在训练阶段，所有目标网络的参数都会在运行固定的一段训练局数后被最新的网络参数替换。这个固定的训练局数定义为目标更新周期。

迭代时，UNMAS 会对经验池中存储的数据进行多次批处理。每一次批处理使用梯度下降的方法对损失函数进行优化，可用的优化器包括 RMSProp[22]、Adam[23] 等。为了减小联合观测动作价值函数的输出与更新目标之间的误差，UNMAS 将损失函数定义为

$$
\mathcal{L}(\theta) = \frac{1}{b} \sum_{k=1}^{b} y_k^{\text{joint}} - \boldsymbol{Q}(\boldsymbol{o}_k, \boldsymbol{u}_k; \boldsymbol{\theta})^2
\tag{8.18}
$$

在多智能体系统与环境进行交互的过程中，每个智能体应当采取具有一定探索能力的策略，以保证数据的多样性。因此，我们设计在执行动作时以 $1 - \epsilon$ 的概率选择最大观测动作值对应的动作，即

$$
u_{i,t} = \arg\max_u Q_i(o_{i,t}, u; \theta_i)
\tag{8.19}
$$

以 ϵ 的概率在可行动作空间中随机选择动作。同时，在训练过程中，为保证策略最终收敛，随机探索概率会随训练时间的增加而逐渐减小。

综上，本节介绍 UNMAS 的训练过程使用集中式训练分布式执行的结构，通过为联合观测动作价值函数与智能体对应的观测价值函数分别设置目标网络来缓解过估计问题，同时在迭代时使用批处理的方法提高训练速度。下面展示 UNMAS 在多个星际争霸 II 微操场景下的实验结果，验证算法的性能。

8.4　星际争霸 II 微操实验

8.4.1　可变网络在星际争霸 II 微操环境的实验设置

星际争霸 II 微操场景广泛使用的平台是星际争霸多智能体挑战（StarCraft multi-agent challenge，SMAC）[3] 平台。考虑让 UNMAS 算法控制一组星际微操单位与另外一组由游戏内置算法控制的星际微操单位进行对抗。在对抗过程中，智能体的数量和动作空间的大小会随时间发生变化，同时每一个智能体都只能观测到它视野范围内的信息。观测信息包括每个单位视野范围内的信息，即距离、相对坐标、血量、护盾、单位类型，而全局状态包括地图内所有存活智能体的上述信息，并且不受视野范围限制。每一个智能体的动作被分为两部分，其中一种面向环境的部分包括停止/移动和上/下/左/右四个方向的移动动作，另一种面向单位的部分包括对可执行目标的动作，如攻击、治疗。

每一个智能体基于智能体网络评估动作的价值。面向环境的流和面向单位的流分别以面向环境的观测和面向单位的观测为输入，智能体网络输出对这些动作的价值。如果在战斗过程中有一个敌军单位阵亡，那么面向单位的观测维度发生改变，相应面向单位的流仅评价智能体攻击剩下两个敌军单位的价值。

在训练过程中，UNMAS 从经验池中采样并使用自加权混合网络计算多智能体系统的联合观测动作价值函数，它的输入维度是 3，对应于地图上的三个智能体。如果在战斗中有一个智能体阵亡，那么智能体网络仅计算剩下两个智能体的观测动作值，进而自加权混合网络的输入维度变为 2。在任意一个时刻，智能体分布式地执行动作并从环境中获得一个全局的奖赏。奖赏函数定义为整个多智能体系统对整体敌军造成的伤害与我方受到的伤害之差。探索率在实验中从 1 逐渐衰减到 0.05。每执行 10000 步的训练就进行 32 次实验来测试算法性能。选择平均胜率作为评价指标，与相关算法（ASN、VDN、QMIX 和 QTRAN）作比较。

在地图的选择上，SMAC 提供了多种场景，可以按照两种分类方式分为同构或异构、对称或非对称地图。如图 8.4 所示，这是星际争霸 II 微操任务中最简单的一类地图，双方拥有同等数量和类型的单位，其中的陆战队员 (m) 是远程单位。

如图 8.5 所示，每一方分别控制两种不同类型的单位，其中狂热者 (z) 是近战单位，追猎者 (s) 是远程单位。远程单位在战斗中具有明显的优势。由于算法通常是在各个智能体之间共享同一套智能体网络的参数，因此异构场景中的实验结果更能说明算法的泛化能力。

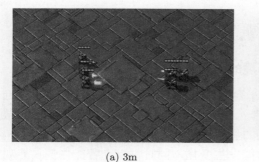

(a) 3m   (b) 8m

图 8.4   同构对称场景

(a) 2s3z   (b) 3s5z

图 8.5   异构对称场景

如图 8.6 所示，虽然在数量上仅存在一个单位的劣势，但是带来的影响是巨大的，因此在非对称地图上的表现更能够说明算法的性能。

(a) 同构场景5m_vs_6m   (b) 异构场景3s5z_vs_3s6z

图 8.6   非对称场景

8.4.2   可变网络实验结果

我们将算法在上述地图运行并测试。每一个实验都被重复三次来计算平均胜率。

在同构的对称地图 3m 和 8m 的实验中，场景中只存在一个类型的单位，就是人类种族的陆战队员，因此智能体网络仅需要表示一种单位的观测动作价值函数。如图 8.7(a) 和图 8.7(d) 所示，几乎所有的算法都能迅速达到接近 100% 的胜率。UNMAS 在训练初始时胜率提升缓慢，这是因为在自加权混合网络中 $q_{i,t}$ 和 $k_{i,t}$ 并不涉及其他智能体的信息，因此联合观测动作价值函数需要更长的时间去逼近真实值。尽管如此，UNMAS 仍能取得较高的胜率。异构的对称地图 2s3z 和 3s5z 中存在两种类型的单位，即狂热者和追猎者，因此智能体网络需要表示不同类型单位的观测动作价值函数。不同类型的单位在战斗中有不同的作用，因此异构场景与同构场景相比更加困难。如图 8.7(b) 和图 8.7(e) 所示，UNMAS 在这两个场景中都取得最高的胜率，尤其是在 3s5z 中。在 3s5z 场景中，多智能体系统的控制难度要大于 2s3z，这是因为智能体数量的增加也会导致整体控制难度增大。在 3s5z 场景中，VDN 的性能十分不稳定，QTRAN 则无法取得胜利，只有 UNMAS 和 QMIX 收敛到令人满意的结果。

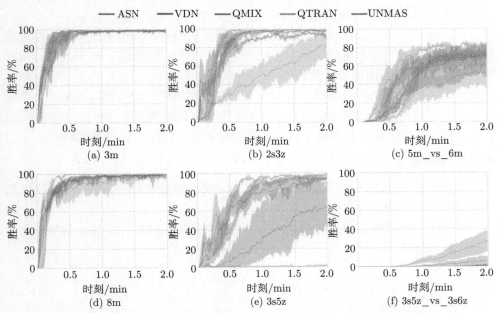

图 8.7　VDN、QMIX、QTRAN、ASN 和 UNMAS 的胜率训练曲线

在同构非对称地图包括 5m_vs_6m 的实验中，敌军的数量大于智能体的数量，5 个被算法控制的智能体与 6 个敌军单位进行对抗。由于数量上的劣势，智能体的策略需要变得更加精细来避免失误，进而提高整体的胜率。如图 8.7(c) 所示，没有一个算法实现接近 100% 的胜率，而 UNMAS 是胜率最高的算法。这意味着，在 UNMAS 下控制的智能体更能选择正确的动作。异构的非对称地图

3s5z_vs_3s6z 是所有实验中最困难的。由于拥有一个额外的狂热者，敌军能够更好地将我方智能体与敌军的追猎者分隔开，进而保证敌军的输出能力。因此，多智能体系统不仅需要保证策略的精细度和稳定性，更需要学习到出色的策略来实现更高的胜率。表 8.1 展示了 UNMAS 和参与对比的其他算法的最终胜率，UNMAS 具有最高的胜率，这也说明 UNMAS 的出色性能。

表 8.1　　VDN、QMIX、QTRAN、ASN 和 UNMAS 的最终胜率

地图	VDN/%	QMIX/%	QTRAN/%	ASN/%	UNMAS/%
3m	98	99	99	98	99
8m	97	98	97	98	97
2s3z	92	98	81	99	99
3s5z	63	95	2	95	98
5m_vs_6m	73	72	55	72	82
3s5z_vs_3s6z	1	1	0	5	28

通过图 8.7 所示的学习曲线比较，我们观测到 UNMAS 具有出色的学习性能，尤其是在各种场景下表现出稳定的收敛能力，以及在最困难场景 3s5z_vs_3s6z 下学到最高的胜率。UNMAS 可以提供更为灵活的网络结构用于表示联合观测动作价值函数，因此能够更好地适应智能体数量发生变化的场景。至于智能体网络的设计，ASN 为面向单位的流增加了一个 GRU 层，而这里并没有这么做。由于考虑部分可观测马尔可夫问题，尤其是存在有限观测半径的问题，想象一个单位在某一智能体的视野边缘附近徘徊，那么该智能体会断断续续地观测到这一单位。这会导致 GRU 错误地计算隐含状态，进而对智能体策略产生负面影响。

8.4.3　消融实验

为了验证 UNMAS 三个关键模块的作用，采用消融实验移除这三个模块来测试其影响。三个模块分别如下。

① 自加权混合网络中的权重项 $k_{i,t}$。将其在联合观测动作价值函数的计算中移除，并使用下式进行计算，即

$$Q(\boldsymbol{o}_t, \boldsymbol{u}_t; \boldsymbol{\theta}) = \frac{1}{n} \sum_{i=1}^{n} q_{i,t} + v_t \tag{8.20}$$

我们将这一方法命名为 UNMAS-ADD。

② 自加权混合网络中的偏置项 v_t。将其在联合观测动作价值函数的计算中移除，并使用下式进行计算，即

$$Q(\boldsymbol{o}_t, \boldsymbol{u}_t; \boldsymbol{\theta}) = \frac{1}{n} \sum_{i=1}^{n} q_{i,t} \cdot k_{i,t} \tag{8.21}$$

我们将这一方法命名为 UNMAS-NV。

③ 智能体网络中的串联操作。智能体网络中面向单位的流将仅由面向单位的观测使用一系列全连接层计算得到，而不会接收从面向环境的流中传递的历史信息编码。我们将这一方法命名为 UNMAS-NCAT。

为了验证前述三个模块的作用，选择三个有代表性的地图进行实验，即 3s5z、5m_vs_6m、3s5z_vs_3s6z。这三个都是难度较高的地图，更能凸显移除这些模块带来的影响。这些地图也包含对称和非对称，同构和异构这些不同的种类，使实验结果具有可信度，可变网络消融实验的胜率训练曲线如图 8.8 所示。

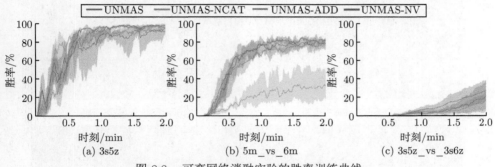

图 8.8　可变网络消融实验的胜率训练曲线

从实验结果来看，移除这些模块后，算法在各方面的表现都有不同程度的下降，其中最明显的是移除串联操作。由于星际微操是一个部分可观测马尔可夫问题，需要收集历史信息才能对状态做出更好的估计。移除操作意味着智能体在评估攻击动作时失去历史信息，难以做出合理的判断，因此是对算法影响最大的部分，从实验结果上看也是如此。

移除自加权混合网络中的权重项 $k_{i,t}$。这一项的作用是在计算联合观测动作价值函数时，为每一个智能体评估我方在联合观测动作价值函数中的权重。移除意味着每个智能体的权重都被置为 1，即使移除后的网络仍能适应智能体数量的变化，也很难准确地预测联合观测动作价值函数，因此其最终的胜率下降明显。困难场景 3s5z_vs_3s6z 的实验结果更能说明其影响。

移除自加权混合网络中的偏置项 v_t。这一偏置项的作用是帮助混合网络更好地拟合联合观测动作价值函数。移除这一项后，混合网络仅能通过非线性化后的 $q_{i,t}$ 和智能体对应的权重 $k_{i,t}$ 对联合观测动作价值函数进行估计，增加训练的难度。

综上所述，通过在三个有代表性的地图上进行消融实验，验证 UNMAS 关键模块的作用，其中智能体网络中的串联操作影响最大，权重项 $k_{i,t}$ 和偏置项 v_t 对算法也有一定的影响。

8.4.4　可变网络策略分析

我们截取一些战斗回放进行分析，并对回放中出现的微操策略进行总结分析。使用 UNMAS 学到的多智能体微操策略如图 8.9 所示。总体上讲，UNMAS 控制下的多智能体系统更能平衡移动和攻击动作，通过相互协作完成任务。

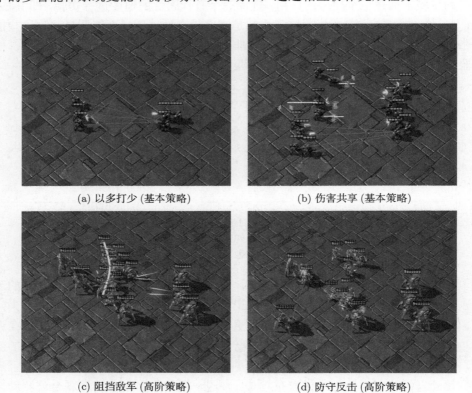

(a) 以多打少 (基本策略)　　　　　　　　(b) 伤害共享 (基本策略)

(c) 阻挡敌军 (高阶策略)　　　　　　　　(d) 防守反击 (高阶策略)

图 8.9　使用 UNMAS 学到的多智能体微操策略

1）同构场景

在 3m、8m、5m_vs_6m 中，只存在人类种族的陆战队员作为作战单位，学习到的策略最为基础。

（1）以多打少。这是微操中的基本策略，通过在局部造成以多打少的局面，集中火力逐个消灭敌军。浅色线条表示攻击，此时三个智能体都在攻击同一个敌军。因为只有存活的单位才能对敌军造成伤害，所以敌军数量的下降意味着其输出能力的下降，使用这一策略更能保证我方胜率。

（2）伤害共享。伤害共享也是一个经典策略。由于只有存活的单位才能对敌军造成伤害，因此要尽量保证每一个智能体的存活。当一个智能体血量过低时，应当主动后撤以求自保，就像图 8.9(b) 中间那条白线展示的那样，该智能体正在向后移动。与此同时，周围的智能体会在攻击间隙向前移动填补战线上的空缺，以保证该智能体成功后撤，如图中上下两条白线所示。

通过伤害共享和以多打少策略，多智能体系统能够完成大部分任务，但这对于异构场景中的微操仍然是不够的。

2）异构场景

在 2s3z、3s5z 和最难的地图 3s5z_vs_3s6z 中，战斗单位变为神族的追猎者和狂热者，其中前者是远程单位，后者是近战单位。远程单位伤害高、攻击范围远，是战斗中的重要单位。因此，多智能体系统需要探索更精细且优秀的策略来保证不同种类单位间的合作，尤其是在 3s5z_vs_3s6z 更需要弥补数量上的劣势。

（1）阻挡敌军。阻挡敌军以分割战场。在战斗中，近战单位会在战场中形成一条紧密的防线，阻止敌军攻击我方的远程单位，并通过远程单位的高输出结束战斗。图 8.9(c) 中浅色的线条即由近战单位组成的防线。但是因为防线的建立，近战单位也无法突进骚扰敌军的远程单位，而在地图边缘，防线另一侧的一个追猎者则起到重要作用。它在战场边缘进行攻击，如果敌军选择攻击它，那么敌军防线会垮掉，如果不攻击，则会任由这一单位占据优势位置，攻击敌军的任意一个单位。

（2）防守反击。在非对称地图中，由于敌军的近战单位多于我方的，因此防线无法完全阻隔敌军，这时就需要进行防守反击。在防线被突破时，单位根据此时的阵型就地执行以多打少的策略，通过集中火力消灭突防的敌军单位进行防守，在解决这些单位后，继续先前的攻击态势，完成一次防守反击。这一策略使我方在数量劣势下仍有机会取得胜利。

值得注意的是，即使是在异构场景中，以多打少和伤害共享的策略也是同时进行的，智能体在移动和攻击之间的灵活切换，以及各个智能体之间的相互配合，可以保证提高智能体的生存概率，进而保证胜率。

8.5 本 章 小 结

针对智能体数量和动作空间大小随时间发生变化的挑战问题，本章提出自加权混合网络和新的智能体网络用于解决上述两类变化。在自加权混合网络中，UNMAS 通过对智能体的观测动作价值函数进行非线性映射，并计算其在联合观测动作价值函数中的贡献来适应智能体数量的变化。在智能体网络中，UNMAS 将智能体的动作空间划分为两部分，分别是大小固定的面向环境的流和大小变化的面向单位的流，并分别使用两个网络流评价其中的动作，进而适应智能体动作空间大小的变化。

最后，以星际争霸 II 微操场景为实验环境，与 VDN、QMIX、QTRAN 和 ASN 算法进行对比。实验结果表明，UNMAS 在多种场景下都能获得最高的胜率，尤其是在最困难的 3s5z_vs_3s6z 地图中，其他算法均无法取得胜利。除此之外，通过消融实验验证 UNMAS 设计中三个重要模块的作用，并通过战斗回放对多智能体系统学习到的策略进行分析，总结了四种策略。

本章开源程序链接为 https://github.com/James0618/unmas。

参 考 文 献

[1] Sutton R S, Barto A G. Reinforcement Learning: An Introduction. Cambridge: MIT, 2018.

[2] Hernandez-Leal P, Kartal B, Taylor M E. A survey and critique of multiagent deep reinforcement learning. Autonomous Agents and Multi-Agent Systems, 2019, 33(6): 750-797.

[3] Samvelyan M, Rashid T, de Witt S C, et al. The StarCraft multi-agent challenge//Proceedings of the 18th International Conference on Autonomous Agents and Multi Agent Systems, 2019: 2186-2188.

[4] Rashid T, Samvelyan M, Schroeder C, et al. QMIX: Monotonic value function factorisation for deep multi-agent reinforcement learning//International Conference on Machine Learning, 2018: 4295-4304.

[5] Tan M. Multi-agent reinforcement learning: Independent vs. cooperative agents// Proceedings of the 10th International Conference on Machine Learning, 1993: 330-337.

[6] Tampuu A, Matiisen T, Kodelja D, et al. Multiagent cooperation and competition with deep reinforcement learning. PloS One, 2017, 12(4): 1-15.

[7] Mnih V, Kavukcuoglu K, Silver D, et al. Human-level control through deep reinforcement learning. Nature, 2015, 518(7540): 529-533.

[8] Palmer G, Tuyls K, Bloembergen D, et al. Lenient multi-agent deep reinforcement learning//International Foundation for Autonomous Agents and Multiagent Systems, 2018: 443-451.

[9] Gupta J K, Egorov M, Kochenderfer M. Cooperative multi-agent control using deep reinforcement learning//International Conference on Autonomous Agents and Multiagent Systems, 2017: 66-83.

[10] Yang Y, Wen Y, Chen L, et al. Multi-agent determinantal Q-learning// Proceeding of the 37th International Conference on Machine Learning, 2020: 10756-10766.

[11] Qin J, Li M, Shi Y, et al. Optimal synchronization control of multiagent systems with input saturation via off-policy reinforcement learning. IEEE Transactions on Neural Networks and Learning Systems, 2019, 30(1): 85-96.

[12] Sun C, Liu W, Dong L. Reinforcement learning with task decomposition for cooperative multiagent systems. IEEE Transactions on Neural Networks and Learning Systems, 2020, 32(5): 2054-2065.

[13] Lowe R, Wu Y, Tamar A, et al. Multi-agent actor-critic for mixed cooperative-competitive environments//Proceedings of the 31st International Conference on Neural Information Processing Systems, 2017: 6382-6393.

[14] Foerster J, Farquhar G, Afouras T, et al. Counterfactual multi-agent policy gradients//Proceedings of the 32nd AAAI Conference on Artificial Intelligence, 2018: 2974-2982.

[15] Sunehag P, Lever G, Gruslys A, et al. Value-decomposition networks for cooperative multi-agent learning based on team reward//International Foundation for Autonomous Agents and Multiagent Systems, 2018: 2085-2087.

[16] Son K, Kim D, Kang W J, et al. QTRAN: Learning to factorize with transformation for cooperative multi-agent reinforcement learning//International Conference on Machine Learning, 2019: 5887-5896.

[17] Wang T, Dong H, Lesser V, et al. ROMA: Multi-agent reinforcement learning with emergent roles//Proceedings of the 37th International Conference on Machine Learning, 2020: 9876-9886.

[18] Wang T, Gupta T, Mahajan A, et al. RODE: Learning roles to decompose multi-agent tasks//International Conference on Learning Representations, 2021: 1-15.

[19] Wang W, Yang T, Liu Y, et al. Action semantics network: Considering the effects of actions in multiagent systems//International Conference on Learning Representations, 2020: 1-12.

[20] Clevert D A, Unterthiner T, Hochreiter S. Fast and accurate deep network learning by exponential linear units//The 4th International Conference on Learning Representations, 2016: 1-12.

[21] Cho K, van Merrienboer B, Bahdanau D, et al. On the properties of neural machine translation: Encoder-decoder approaches//The 8th Workshop on Syntax, Semantics and Structure in Statistical Translation, 2014: 1-9.

[22] Tieleman T, Hinton G. Lecture 6.5-RmsProp: Divide the gradient by a running average of its recent magnitude.https://www.cs.toronto.edu/~tigmen/css321/slides/lecture_slides_lec6.pdf[2016-10-11].

[23] Kingma D P, Ba J. Adam: A method for stochastic optimization//The 3rd International Conference on Learning Representations, 2015: 1-11.

附录 A 强化学习符号表

符号	含义
s	状态
a	动作
P	状态转移概率
r	奖赏
π	策略
$V^{\pi}(s)$	状态价值函数
γ	折扣因子
π^{*}	最优策略
$Q^{\pi}(s,a)$	状态动作价值函数
δ	时间差分误差
G^{λ}	权重 λ 的回报值
$G^{(n)}$	第 n 步的回报值
G	回报
$A(s,a)$	优势函数

附录 B 主要词汇中英文对照表

英文全称	英文简称	中文名称
action semantics network	ASN	动作语义网络
actor-critic	AC	执行器-评价器
actor-critic using Kronecker-factored trust region	ACKTR	克罗内克因式分解的信赖域执行器-评价器
artificial intelligence	AI	人工智能
asynchronous advantage actor-critic	A3C	异步优势执行器-评价器
batch normalization	BN	批量归一化
best response		最佳反应
boot-strapped		自举
centralized training with decentralized execution	CTDE	集中式训练分布式执行
convolutional neural network	CNN	卷积神经网络
deep Q-network	DQN	深度 Q 网络
deep reinforcement learning	DRL	深度强化学习
DeepMind Lab		DeepMind 设计的一款三维环境下的迷宫游戏
deterministic policy gradient	DPG	确定策略梯度
double deep Q network	DDQN	双重深度 Q 网络
dynamic programming	DP	动态规划
experience replay	ER	经验回放
fictitious self-play	FSP	虚拟自我博弈
generalized policy iteration	GPI	广义策略迭代
internal reward		内部奖赏
least squares	LS	最小二乘
Markov decision process	MDP	马尔可夫决策过程
Markov game	MG	马尔可夫博弈
model-based reinforcement learning	MBRL	基于模型的强化学习
Monte Carlo tree search	MCTS	蒙特卡罗树搜索
Nash equilibrium	NE	纳什均衡

neural fictitious self-play	NFSP	神经虚拟自我博弈
off-policy		异策略
on-policy		同策略
OpenAI Gym		OpenAI 设计并推出的一款标准游戏平台
OpenAI Universe		OpenAI 研制的一款适合更加复杂游戏的集成训练与测试平台
overestimation		过估计
policy iteration	PI	策略迭代
policy-space response oracles	PSRO	策略空间反应先知
proximal policy optimization	PPO	近端策略优化
quantile regression	QR	分位数回归
real-time strategy game	RTS game	即时策略游戏
rectified linear unit	ReLU	线性修正单元
recurrent neural network	RNN	循环神经网络
rolling horizon evolution algorithm	RHEA	滚动时域演化算法
state of the art	SOTA	最先进
statistical forward planning	SFP	统计前向规划
target network		目标网络
transfer learning	TL	迁移学习
trust region policy optimization	TRPO	可信域策略优化
unshaped networks for multi-agent systems	UNMAS	多智能体可变网络算法
value iteration	VI	值迭代
ViZDoom		第一视角射击游戏